工程造价实训

GONGCHENG ZAOJIA SHIXUN

主　编 / 胡晓娟
副主编 / 李剑心
参　编 / 黄己伟　钱　磊
主　审 / 李德甫

重庆大学出版社

内容提要

本书根据《建设工程工程量清单计价规范》(GB 50500—2013)、《房屋建筑与装饰工程工程量计算规范》(GB 50854—2013),参照2015年《四川省建设工程工程量清单计价定额》等计价依据进行编写。本书共6个项目,具体内容包括确定工程造价实训任务及相关条件、定额计价方式确定建筑工程造价、编制建筑工程招标工程量清单、编制建筑工程招标控制价、编制建筑工程投标报价、编制竣工结算价。

本书可作为工程造价、建筑工程管理、建筑工程技术等专业的实训用书,也可作为工程造价从业人员的参考用书。

图书在版编目(CIP)数据

工程造价实训 / 胡晓娟主编. --重庆:重庆大学出版社,2019.8(2020.8 重印)

ISBN 978-7-5689-1410-9

Ⅰ.①工… Ⅱ.①胡… Ⅲ.①建筑造价管理—高等职业教育—教材 Ⅳ.①TU723.3

中国版本图书馆 CIP 数据核字(2018)第 284380 号

工程造价实训

主　编　胡晓娟

副主编　李剑心

主　审　刘德甫

责任编辑:刘颖果　　版式设计:刘颖果

责任校对:刘志刚　　责任印制:赵　晟

*

重庆大学出版社出版发行

出版人:饶帮华

社址:重庆市沙坪坝区大学城西路 21 号

邮编:401331

电话:(023) 88617190　88617185(中小学)

传真:(023) 88617186　88617166

网址:http://www.cqup.com.cn

邮箱:fxk@cqup.com.cn (营销中心)

全国新华书店经销

重庆俊蒲印务有限公司印刷

*

开本:787mm×1092mm　1/16　印张:15　字数:350 千　插页:8 开 2 页

2019 年 8 月第 1 版　　2020 年 8 月第 2 次印刷

印数:2 001—5 000

ISBN 978-7-5689-1410-9　定价:36.00 元

前　言

工程造价实训是一门综合性较强的实践课程，是培养学生动手能力的重要环节。为了科学设计实训任务，构建仿真的实训环节，切实指导学生开展实训，培养学生的综合能力，提升职业素养，特编写本实训教材。

本实训教材的编写以习近平新时代中国特色社会主义思想为指导，力求突出以下特点：

(1)新：按照新规范、新标准编写，反映了工程造价的最新规定。

(2)真：要求学生仿照工作的真实要求，模拟相应的角色开展实训。

(3)实：按照工作过程，结合同一工程实例来介绍交易及实施阶段各工程造价文件的编制方法和编制步骤，能较好地指导学生进行实训，提升实训质量。

(4)活：针对各学校的需要，实训内容可以采取不同的项目灵活组合，满足学习要求。

(5)简：紧紧围绕实训内容展开介绍，言简意赅。例如，《建设工程工程量清单计价规范》(GB 50500—2013)中有完整的计价表格，教材中不再提供样表；规范没有统一施工图预算表格，使用学校需要时，重庆大学出版社可提供参考用表(电子文档)。另外，重庆大学出版社也可提供附录电子档，方便使用。

(6)综合性强：按照实际工作的要求，将招投标、合同管理、项目管理等相关知识融合在实训中，有利于训练学生的综合职业能力。

本实训教材由四川建筑职业技术学院胡晓娟任主编，编写了项目 1 及附录；四川建筑职业技术学院李剑心任副主编，编写项目 6；四川建筑职业技术学院钱磊编写项目 3、项目 4 和项目 5；四川建筑职业技术学院黄己伟编写项目 2。

本实训教材由具有深厚造价理论和丰富实践经验的四川杰灵恒信工程造价咨询有限责任公司高级技术负责人、一级造价工程师、高级工程师刘德甫主审。

为完整呈现工程造价实训的整个过程和具体计算细节等内容，本教材中所有案例的定额编制依据均参照 2015 年《四川省建设工程工程量清单计价定额》(房屋建筑与装饰工程)分册，其他地区的读者可借鉴使用。

编写实训类教材尚属探索阶段，加之编者的水平有限，教材难免存在不妥之处，恳请广大师生和读者批评指正。

编　者

2019 年 3 月

目　录

项目1　确定工程造价实训任务及相关条件

【实训目标】

造价工作贯穿工程项目建设全过程，不仅建设单位要确定工程造价，设计单位、施工单位、工程造价咨询企业也需要开展造价工作。不同的建设阶段、不同的企业，确定工程造价的目的、依据、方法都会存在差异，实训前应明确模拟岗位，才能合理确定工程造价。

同时，工程造价的编制依据除了《建设工程工程量清单计价规范》（GB 50500—2013）、相关计量规范、国家或省级行业建设主管部门颁发的计价定额和计价办法、建设工程设计文件以外，招标文件、合同主要条款、施工方案等也是重要依据，实训前应结合实训目的、项目特点，完善相关条件，才能合理确定工程造价。

通过本项目的实训，学生应达到以下要求：

①了解工程造价工作内容和岗位设置，明确实训任务和模拟岗位；

②能确定招标文件中与工程造价相关的主要内容；

③能确定施工方案中与工程造价相关的主要内容；

④能恰当处理图纸等资料中的问题。

任务1　确定实训模拟岗位

步骤1　工程造价工作内容分析

建筑工程的建设程序划分为决策阶段、设计阶段、交易阶段、施工阶段和竣工验收阶段，各阶段均涉及造价工作，详见图1.1。

投资估算是设计概算的控制数额；设计概算是施工图预算或招标控制价（或标底）的控制数额；招标控制价（或标底）反映行业的社会平均成本，投标报价反映企业的个别成本，投标报价不能超过招标控制价（或标底）；工程结算价是最终造价，不应突破投标报价。

1）投资估算

（1）项目建议书阶段的投资估算

项目建议书阶段，对项目还处于概念性的理解，投资估算方法主要有生产能力指数法、系

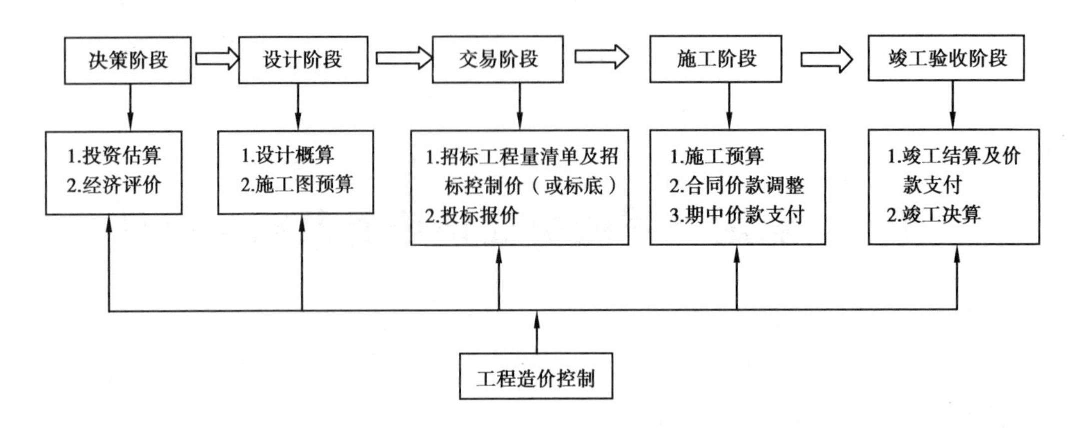

图 1.1　建筑工程建设各阶段造价工作主要内容分析

数估算法、比例估算法、混合法、指标估算法等。

(2)可行性研究阶段的投资估算

可行性研究阶段,建设项目投资估算原则上应采取指标估算法。对投资有重大影响的主体工程应估算出分部分项工程量,参考概算定额或概算指标编制主要单项工程的投资估算。具体应该对建筑工程费用、设备购置费用、安装工程费用、工程建设其他费用、基本费用、价差预备费、建设期利息分别进行估算。对于生产经营性项目,还需要对铺底流动资金进行估算,最后汇总为投资估算文件。投资估算文件包括编制说明、投资估算分析、总投资估算表、单项工程估算表、主要技术经济指标等内容。

2)设计概算

设计概算分为单位工程概算、单项工程综合概算和建设项目总概算三级。各级概算之间的相互关系如图 1.2 所示。

从图 1.2 可以看出,编制概算的关键是单位工程概算。单位工程概算分为建筑工程概算和设备及安装工程概算。

建筑工程概算包括土建工程概算,给排水、采暖工程概算,通风、空调工程概算,电气照明工程概算,弱电工程概算,特殊构筑物工程概算等,其编制方法可根据概算编制时具备的条件,选用概算定额法、概算指标法、类似工程概算法。

设备及安装工程概算包括设备(机械设备、电气设备、热力设备等)购置费概算和设备安装工程概算两大部分。设备购置费概算是根据初步设计的设备清单计算出设备原价,并汇总求出设备总原价,然后按照有关规定的设备运杂费乘以设备总原价,两项相加即为设备购置费。设备安装工程概算应根据概算编制时具备的条件,选用预算单价法、扩大单价法、设备价值百分比法、综合吨位指标法。

3)施工图预算

施工图预算是以施工图设计文件为依据,按照规定的程序、方法和编制依据,在工程施工前对工程项目的工程费用进行预测与计算。施工图预算的计价模式有传统定额计价模式(以下简称“定额计价模式”)和工程量清单计价模式两种。

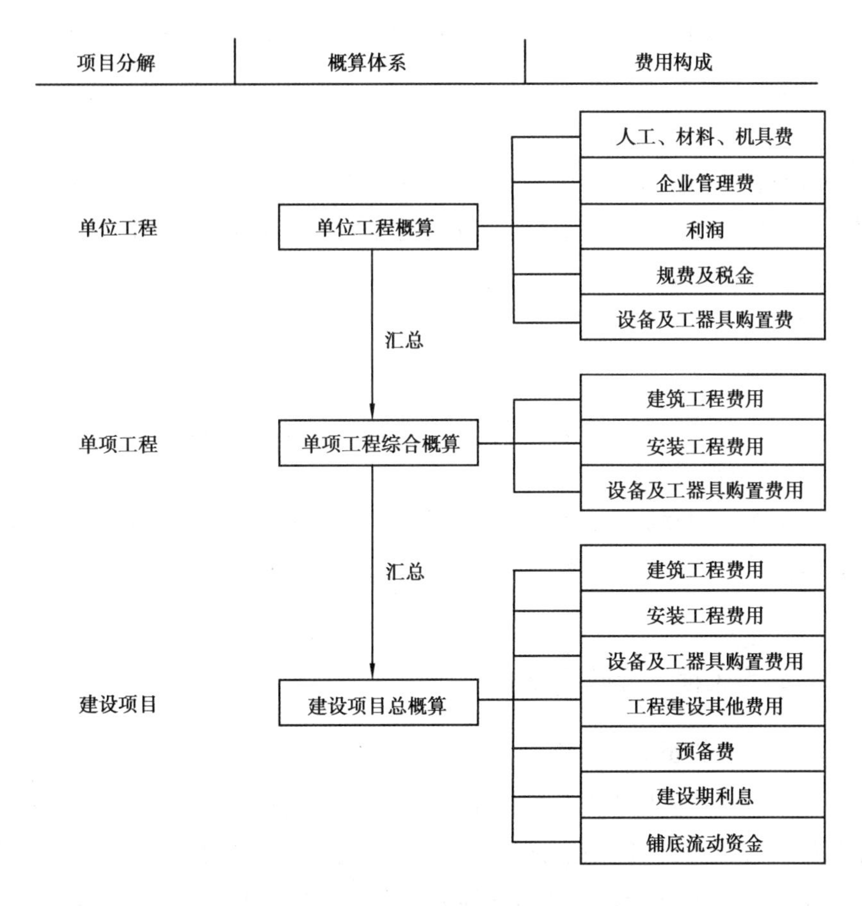

图 1.2　三级概算之间的相互关系和费用构成

施工图预算由单位工程施工图预算、单项工程施工图预算和建设项目施工图预算三级逐级编制、综合汇总而成，其关键是单位工程施工图预算的编制。狭义的施工图预算特指定额计价模式确定的工程造价，本书后面提到的施工图预算就是特指定额计价模式下的施工图预算。

定额计价模式的编制方法分为定额单价法和实物量法，具体方法应根据当地定额的形式和相关计价规定确定。

工程量清单计价模式的编制方法是综合单价法，分为全费用综合单价法和清单综合单价法不完全单价)，目前我国施行的是清单综合单价法。

工程量清单计价模式是工程交易及实施阶段的主要计价模式。

4）招标控制价（或标底）

招标控制价是招标人根据国家或省级、行业建设主管部门颁发的有关计价依据和办法，以及拟订的招标文件和招标工程量清单，结合工程具体情况编制的招标工程的最高投标限价。招标控制价按照清单综合单价法编制，按照规定必须在招标文件中公布招标控制价。

标底是招标工程的预期价格,一般采取定额计价模式确定,在开标前是绝对保密的。

5)投标报价

投标报价是投标人投标时响应招标文件要求所报出的对已标价工程量清单汇总后标明的总价。投标报价按照招标文件规定的方法确定,招标文件明确是定额计价模式,则按照定额计价的相关方法进行编制;招标文件明确是工程量清单计价模式,则按照综合单价法进行编制。

6)竣工结算价

竣工结算价是发承包双方依据国家有关法律、法规和标准规定,按照合同约定确定的,包括在履行合同过程中按合同约定进行的合同价款调整,是承包人按合同约定完成全部承包工作后,发包人应付给承包人的合同总金额。

同一工程的招标控制价(或标底)、投标报价、竣工结算价应采取相同的计价模式编制,即要么选择定额计价模式,要么选择工程量清单计价模式。我国目前都是以工程量清单计价模式为主。

步骤2　确定工程造价模拟岗位

1)工程造价从业人员职业资格

国家规定的工程造价从业人员职业资格主要包括法人资格和自然人资格两大类。其中,法人包括招标人、投标人和工程造价咨询人;自然人包括一级造价工程师和二级造价工程师。

在建筑工程项目交易阶段,法人各主体的造价主要工作见表1.1,自然人各主体的取得条件、执业范围和执业能力见表1.2。

表1.1　法人各主体的造价主要工作

法人资格	主要工作
招标人	具备工程造价编制条件,可以自行编制施工图预算、招标工程量清单、招标控制价或标底; 不具备工程造价编制条件,则委托具有相应资质的工程造价咨询人编制施工图预算、招标工程量清单、招标控制价或标底
投标人	具备工程造价编制能力,可以自行投标报价; 不具备工程造价编制能力,则委托具有相应资质的工程造价咨询人编制投标报价
工程造价咨询人	接受招标人或投标人委托编制施工图预算、招标工程量清单、招标控制价(或标底)或投标报价,但是不得接受招标人和投标人对同一建设项目的委托

表1.2　自然人各主体的取得条件、执业范围和执业能力

一级造价工程师	取得条件	①具有工程造价专业大学专科(或高等职业教育)学历,从事工程造价业务工作满5年;具有土木建筑、水利、装备制造、交通运输、电子信息、财经商贸大类大学专科(或高等职业教育)学历,从事工程造价业务工作满6年。 ②具有通过工程教育专业评估(认证)的工程管理、工程造价专业大学本科学历或学位,从事工程造价业务工作满4年;具有工学、管理学、经济学门类大学本科学历或学位,从事工程造价业务工作满5年。 ③具有工学、管理学、经济学门类硕士学位或者第二学士学位,从事工程造价业务工作满3年。 ④具有工学、管理学、经济学门类博士学位,从事工程造价业务工作满1年。 ⑤具有其他专业相应学历或者学位的人员,从事工程造价业务工作年限相应增加1年。 符合条件的人员报名参考,4年内通过《建设工程造价管理》《建设工程计价》《建设工程技术与计量》《建设工程造价案例分析》4个科目的考试,在一个单位注册便可执业
	执业范围	①项目建议书、可行性研究投资估算与审核、项目评价造价分析; ②建设工程设计概算、施工预算编制与审核; ③建设工程招标文件工程量和造价的编制与审核; ④建设工程合同价款、结算价款、竣工决算价款的编制与管理; ⑤建设工程审计、仲裁、诉讼、保险中的造价鉴定,工程造价纠纷调解; ⑥建设工程计价依据、造价指标的编制与管理; ⑦与工程造价管理有关的其他事项
	执业能力	①具有编审项目建议书及可行性报告投资估算,优化建设方案并对项目进行经济评价的能力; ②具有对设计方案及施工组织设计进行技术经济论证、优化的能力,并能编制过程概、预算; ③具有编制招标控制价(或标底)及投标报价的能力,并能对标书进行分析、评定; ④具有在建设项目全过程中对工程造价控制、管理的能力,能编制工程结(决)算; ⑤具有组织编制和管理工程造价各类计价依据以及造价指数的测定、分析整理能力; ⑥具有运用计算机确定、管理工程造价的能力; ⑦有一定的组织、协调和社会调查能力,能对涉及工程造价的诉讼、索赔、保险、审计等开展咨询工作
二级造价工程师	取得条件	①具有工程造价专业大学专科(或高等职业教育)学历,从事工程造价业务工作满2年;具有土木建筑、水利、装备制造、交通运输、电子信息、财经商贸大类大学专科(或高等职业教育)学历,从事工程造价业务工作满3年。 ②具有工程管理、工程造价专业大学本科及以上学历或学位,从事工程造价业务工作满1年;具有工学、管理学、经济学门类大学本科及以上学历或学位,从事工程造价业务工作满2年。 ③具有其他专业相应学历或学位的人员,从事工程造价业务工作年限相应增加1年。 符合条件的人员报名参考,2年内通过《建设工程造价管理基础知识》和《建筑工程计量与计价实务》,在一个单位登记注册便可执业

续表

二级造价工程师	执业范围	①建设工程工料分析、计划、组织与成本管理,施工图预算、设计概算编制; ②建设工程量清单、招标控制价、投标报价编制; ③建设工程合同价款、结算价款和竣工决算价款的编制
	执业能力	①具有编制工程概算、预算、竣工结(决)算、招标工程量清单、招标控制价(或标底)、投标报价的能力; ②具有处理工程变更及合同价款调整和计算索赔费用的能力; ③具有编制结算价款和竣工决算价款的能力

2)工程造价具体岗位

工程造价是一项十分复杂的专业工作,量大、综合性强,实践中一般采取团队协作的方式开展工作。不同企业对工程造价具体岗位的划分会有所不同,一般会有计量岗位(可以按专业工程进一步细分)、计价岗位、复核岗位,复核可能还会有一级复核、二级复核、三级复核等岗位。

3)确定实训模拟岗位

实训应模拟计量和计价岗位,采取交叉复核的方式进行。

步骤3　确定实训方案

根据实训者所处的学习阶段以及实训时间,实训内容宜选择建筑工程项目交易及实施阶段的工程造价,即选择以下1~3种造价成果为实训内容:

①招标工程量清单;

②招标控制价;

③标底;

④投标报价;

⑤竣工结算价。

根据培养需要或工作实际,明确本项实训的内容和方法:

①项目所处的建设阶段:____________________。

②实训模拟的企业、实训内容及编制方法(可以模拟多个主体):____________________

____

____

____________________。

③实训模拟的岗位:____________________

____

____

____________________。

【任务1考评】

本任务的考评建议采取面试方式,考查实训者是否清楚模拟岗位、实训内容、实训方法,成绩可以不单独计算,在后面的具体实训任务中综合考虑。

任务2 完善实训相关条件

步骤1 完善招标文件

招标文件是指由招标人或招标代理机构编制并向潜在投标人发售的明确资格条件、合同条款、评标方法和投标文件相应格式的文件。

招标文件是招标人对发包工程和投标人具体条件及要求的意思表达,既是编制招标工程量清单的依据,也是确定招标控制价(或标底)的依据,更是投标报价的重要依据。认真研读招标文件,按照招标文件的要求开展相关的计量与计价工作,是合理确定工程造价的前提。

国家主管部门颁布了建筑工程招标文件系列示范文本,地方主管部门一般会在此基础上进一步细化,形成本地区的招标文件示范文本,其中的工程施工招标文件是招标中的重要文件,是编制招标工程量清单、招标控制价、投标报价的重要依据。

招标文件至少应包括:招标通告;投标须知;资金来源;投标资格;招标文件和投标文件的澄清程序;投标文件的内容要求;投标价格;标书格式和投标保证金的要求;评标的标准和程序;投标程序;投标有效期、截止期;开标的时间、地点;合同条款及格式;工程量清单等。

认真分析和理解招标文件,既是合理编制招标工程量清单和招标控制价的需要,也是恰当投标,提高中标概率的重要环节。

要求实训者模拟招标人及招标代理机构:

①完善招标文件:即根据实训工程情况,在招标文件的空白处填空,完善招标文件。

②应用招标文件:根据完善后的招标文件开展相关实训任务,即应用招标文件编制招标工程量清单、招标控制价或标底、投标报价等。

招标文件内容多,对体例和格式有专门要求,为了方便实训,在此对《中华人民共和国简明标准施工招标文件》(2012年版)进行简化,参见附录1。

步骤2 完善施工方案

施工方案是针对一个施工项目制订的实施方案,包括组织机构方案(各职能机构的构成、各自职责、相互关系等)、人员组成方案(项目负责人、各机构负责人、各专业负责人等)、技术方案(进度安排、关键技术预案、重大施工步骤预案等)、安全方案(安全总体要求、施工危险因素分析、安全措施、重大施工步骤安全预案等)、材料供应方案[材料供应流程、接保检流程、临时(急发)材料采购流程]等。

施工方案包括的具体内容参考如下:编制依据;工程概况及特征;组织机构;工程管理目标;施工协调管理;施工方案和施工工艺;质量控制措施;施工布置;工期及进度计划;劳动力安排计划;施工机具配置;安全文明控制措施;工程竣工后保修服务;附件,如拟投入的主要施工机械设备表、劳动力计划表、计划开竣工日期和施工进度横道图、施工总平面图、临时用地表等。

工程造价与施工方案直接相关,《建设工程工程量清单计价规范》(GB 50500—2013)明确规定,编制招标工程量清单、确定招标控制价,都要依据施工现场情况、地勘水文资料、工程特点及常规施工方案;投标报价也要根据施工现场特点、工程特点及投标时拟订的施工组织设计或施工方案进行编制。了解、熟悉并应用施工方案是工程造价人员重要的职业能力要求,也是合理确定工程造价的前提条件。

施工方案是根据项目的要求和实际情况,主要由技术管理团队进行编制。有些项目简单、工期短,就不需要制订复杂的方案。其中,分项工程施工方案的选择、施工机械的选择、各种重大措施项目都直接影响工程计量与计价,因此在进行工程计量与计价前,实训者应模拟技术管理人员,对工程造价有重大影响的内容进行合理假设。编制招标工程量清单及招标控制价时,应对工程所在地的常规施工方案予以了解并合理选择;编制投标报价时,应站在投标人的角度拟订符合企业实际情况的施工方案。

要求实训者清楚施工方案的主要内容和作用,对施工方案予以完善和应用:

①模拟招标人或其委托的造价咨询人,根据工程所在地施工机械水平和现场施工条件,选择常规施工方案,作为编制招标工程量清单和招标控制价的依据。

②模拟投标人或其委托的造价咨询人的技术管理人员,根据企业的施工机械水平和现场施工条件,拟订实训项目的施工方案,作为编制投标报价的依据。

施工方案内容多,对体例和格式也有要求,为了方便实训,在此对施工方案进行简化,只对与工程造价相关的主要内容予以选择或拟订,参见附录2。

步骤3　完善其他资料

建设工程设计文件是施工和编制工程造价文件的主要依据。在实际工作中,设计文件可能存在遗漏、矛盾和错误。在招投标阶段,造价人员可以向招标人或者设计单位提出咨询,取得补充通知或答疑纪要。在施工过程中,要进行图纸会审。图纸会审由建设单位负责组织并记录(也可请监理单位代为组织),监理单位、施工单位、各种设备厂家等参建单位参与,全面细致熟悉图纸,审查施工图中存在的问题及不合理情况,并提交设计单位进行处理。

因此,造价人员无权修改图纸,要求实训者:

①模拟造价人员,对图纸进行全面细致的阅读,发现问题并书面提交设计单位。

②模拟设计人员,根据相关的设计规范、施工规范、质量规范提出合理方案,形成施工图纸补充说明。

施工图纸补充说明没有明确格式,关键是建设单位、设计单位的签字盖章要完整,表达要准确清晰,具备法律效力。其具体格式参见附录 3。

【任务 2 考评】

①作为后续项目的实训资料,本任务考核应纳入后面相应项目的考核,建议占总成绩的 5%。

②实训成绩考核记录见表 1.3。

表 1.3　实训成绩考核记录表

序号	考核内容	所占分值/分	自评(占 30%)	教师评价(占 70%)
1	完整性、规范性、合理性	5		
2	小　计	5		
总　评				

项目 2　定额计价方式确定建筑工程造价

【实训案例】

(1)工程概况

本工程为新建××厂房配套卫浴间,属于××电气设备生产厂的附属配套建筑。建筑面积为 64.47 m^2,建筑层数 1 层,砖混结构形式。本项目设计施工图详见附录 4。

(2)编制要求

根据相关编制依据,编制新建××厂房配套卫浴间的施工图预算。

(3)编制依据

①《建设工程工程量清单计价规范》(GB 50500—2013);

②《住房城乡建设部 财政部关于印发〈建筑安装工程费用项目组成〉的通知》(建标〔2013〕44 号);

③2015 年《四川省建设工程工程量清单计价定额》(房屋建筑与装饰工程)分册;

④《四川省住房和城乡建设厅关于印发〈建筑业营业税改征增值税四川省建设工程计价依据调整办法〉的通知》(川建造价发〔2016〕349 号);

⑤《四川省住房和城乡建设厅关于印发〈建筑业营业税改征增值税四川省建设工程计价依据调整办法〉调整的通知》(川建造价发〔2018〕392 号);

⑥《四川省住房和城乡建设厅关于印发〈四川省建设工程安全文明施工费计价管理办法〉的通知》(川建发〔2017〕5 号);

⑦新建××厂房配套卫浴间设计施工图。

任务 1　列项及计算定额工程量

【实训目标】

列项是编制施工图预算的起点。它是依据施工图纸、有关施工方案及计价定额,按照一定的分部工程顺序,列出各个分项工程项目名称并确定工程量计算范围的过程,并在此基础上进行一系列的预算编制工作。

工程量计算是确定工程造价的重要环节之一。若无正确的工程量,后面的费用计算、工料分析就可能不准确，从而造成计划偏差，出现停工待料或材料积压，进而影响工期等不良现象。

通过该实训项目，学生应达到以下要求：

①能合理划分分项工程项目；

②能准确理解工程量计算规则；

③能准确计算定额工程量。

步骤1　列项

1)实训目的

通过本次实训任务，学生应能达成以下能力目标：

①清楚建筑工程项目的列项要求及方法；

②具备根据项目特点选取适宜方法进行列项的基本能力。

2)实训内容

针对实训案例，结合2015年《四川省建设工程工程量清单计价定额》(房屋建筑与装饰工程)分册，划分定额项目。

3)实训步骤与指导

(1)列项要求

列项时，应依据定额子目划分分项工程项目，并应注意以下几点：

①内容对应且完整。项目名称应完整，并且与定额子目名称相符，以便正确套用定额。

②对设计施工图中分布在不同部位，但施工做法相同的项目，因其定额名称相同，列项时，应做相应标注加以区别，以便于后期工程量的核对。

③全面反映工程设计内容，符合计价定额的有关规定，不能重复列项，也不能漏项。

(2)列项方法

①按图纸顺序列项；

②按定额顺序列项；

③按施工顺序列项；

④按综合顺序列项。

4)实训成果

根据实训案例要求，列出“平整场地”“挖沟槽土方”“基础回填(夯填)”等共52个定额项目。根据设计施工图和2015年《四川省建设工程工程量清单计价定额》(房屋建筑与装饰工程)分册中定额项目(见分表2.1.1至分表2.1.7)，确定52个项目的定额编号，见表2.1。

表2.1　工程量计算表(分部分项工程)

工程名称：新建××厂房配套卫浴间　　　　第　页共　页

序号	定额编号	项目名称	单位	工程量	计算式
1	AA0001	平整场地	m^2		
2	AA0004	挖沟槽土方	m^3		

续表

序号	定额编号	项目名称	单位	工程量	计算式
3	AA0081	基础回填(夯填)	m^3		
4	AA0081	室内回填(夯填)	m^3		
5	AA0087 换	机械装运土(运距=5 000 m)	m^3		
6	AD0002	M7.5 水泥砂浆(细砂)砌砖基础	m^3		
7	AL0069 换	防潮层	m^2		
8	AD0020	M5 混合砂浆(特细砂)砌实心砖墙	m^3		
9	AD0020	M5 混合砂浆(特细砂)砌女儿墙	m^3		
10	AE0017	C20 商品混凝土基础垫层	m^3		
11	AE0016	C15 商品混凝土浴室排水沟垫层	m^3		
12	AE0094 换	C25 商品混凝土构造柱	m^3		
13	AE0112	C25 商品混凝土矩形梁	m^3		
14	AE0112	C25 商品混凝土地圈梁	m^3		
15	AE0112	C25 商品混凝土圈梁	m^3		
16	AE0144	C20 现浇混凝土过梁	m^3		
17	AE0232	C25 商品混凝土无梁板	m^3		
18	AE0318 换	C25 现浇混凝土浴室排水明沟(中砂)	m^3		
19	AE0322 换	C15 现浇混凝土压顶(中砂)	m^3		
20	AE0336	C25 现浇混凝土止水带(中砂)	m^3		
21	AQ0083	成品雨篷	m^2		
22	AH0045 换	铝合金门 M0921	m^2		
23	AH0143	塑钢推拉窗 C1215	m^2		
24	AJ0022 换	弹性体(SBS)改性沥青屋面卷材防水	m^2		
25	AL0065	水泥砂浆(中砂)楼地面找平层(厚度 20 mm)	m^2		
26	AJ0106	塑料山墙出水口(带水斗)ϕ160	个		
27	AJ0093	塑料水落管 ϕ160	m		
28	AJ0092 换	塑料溢流管 ϕ50	m		
29	AK0015	水泥焦渣保温隔热屋面	m^2		
30	AL0070	水泥砂浆(中砂)楼地面找平层(厚度 20 mm)	m^2		

续表

序号	定额编号	项目名称	单位	工程量	计算式
31	AE0007	C10 混凝土楼地面垫层(中砂)	m^2		
32	AJ0042	屋面涂膜防水(水乳型橡胶沥青涂料)	m^2		
33	AL0114 换	地砖楼地面(≤300 mm×300 mm)	m^2		
34	AM0103	内墙立面水泥砂浆(特细砂)找平层(厚度 13 mm)	m^2		
35	AM0285 换	内墙砂浆粘贴面砖(≤600 mm×600 mm)	m^2		
36	AN0122 换	铝合金扣板天棚吊顶(条形)	m^2		
37	AN0074	铝合金格片式龙骨(间距 150 mm)	m^2		
38	AM0100	外墙立面水泥砂浆(中砂)找平层(厚度 13 mm,1∶3)	m^2		
39	AP0306	外墙及天棚抹灰面(氟碳漆成活)	m^2		
40	AM0098	外墙立面水泥砂浆(中砂)找平层(厚度 13 mm,1∶2)	m^2		
41	AS0001	综合脚手架	m^2		
42	AS0044	构造柱复合模板	m^2		
43	AS0050	矩形梁复合模板	m^2		
44	AS0054	地圈梁复合模板	m^2		
45	AS0054	圈梁复合模板	m^2		
46	AS0056	过梁复合模板	m^2		
47	AS0069	无梁板复合模板	m^2		
48	AS0026	基础垫层复合模板	m^2		
49	AS0026	排水沟垫层复合模板	m^2		
50	AS0095	混凝土压顶复合模板	m^2		
51	AS0095	止水带复合模板	m^2		
52	AS0119	单层厂房垂直运输(砖混)	m^2		

注:表中所示定额编号为 2015 年《四川省建设工程工程量清单计价定额》(房屋建筑与装饰工程)分册中定额子目编号,现将主要定额子目摘录在下面,详细内容见分表 2.1.1 至分表 2.1.7。

分表 2.1.1　机械运土方

工作内容：装、运、卸车。				单位：1 000 m^3	
定额编号				AA0087	AA0088
项　目				机械运土方，总运距≤10 km	
				运距≤1 000 m	每增加 1 000 m
基　价				6 189.73	1 012.13
其中		人工费		774.00	123.25
		材料费		21.60	—
		机械费		4 782.87	788.58
		综合费		611.26	100.30
名称		单位	单价（元）	数量	
材料	水	m^3	2.00	10.800	—
机械	柴油	kg		（362.807）	（59.349）
	汽油	kg		（5.992）	—

分表 2.1.2　构造柱

工作内容：1.将送到浇灌点的商品混凝土进行振捣、养护。2.安拆、清洗输送管。　单位：10 m^3				
定额编号				AE0094
项　目				商品混凝土构造柱
				C20
基　价				3 758.10
其中	人工费			327.60
	材料费			3 325.04
	机械费			16.10
	综合费			89.36
名称		单位	单价（元）	数量
材料	商品混凝土 C20	m^3	330.00	10.050
	水	m^3	2.00	3.830
	其他材料费	元		0.880

分表 2.1.3　砖基础

工作内容:清理基槽及基坑;调、运、铺砂浆;运砖、砌砖。　　单位:10 m³

定额编号				AD0001	AD0002	AD0003
项　目				砖基础		
				水泥砂浆(细砂)		
				M5	M7.5	M10
基　价				3 679.63	3 704.38	3 724.37
其中	人工费			1 031.40	1 031.40	1 031.40
	材料费			2 479.09	2 503.84	2 523.83
	机械费			8.03	8.03	8.03
	综合费			161.11	161.11	161.11
名称		单位	单价(元)	数量		
材料	水泥砂浆(细砂)M5	m³	160.00	2.380	—	—
	水泥砂浆(细砂)M7.5	m³	170.40	—	2.380	—
	水泥砂浆(细砂)M10	m³	178.80	—	—	2.380
	标准砖	千匹		5.240	5.240	5.240
	水泥 32.5	kg		(537.880)	599.760)	(649.740)
	细砂	m³		(2.761)	(2.761)	(2.761)
	水	m³	2.00	1.144	1.144	1.144

分表 2.1.4　平面砂浆找平层

工作内容:清理基层,调制、运铺砂浆,面层抹平等全部操作。　　单位:100 m²

定额编号				AL0068	AL0069	AL0070
项　目				水泥砂浆中砂 20 mm		
				在混凝土及硬基层上		
				1∶2	1∶2.5	1∶3
基　价				1 344.85	1 302.43	1 231.32
其中	人工费			590.30	590.30	590.30
	材料费			634.27	591.85	520.74
	机械费			6.83	6.83	6.83
	综合费			113.45	113.45	113.45
名称		单位	单价(元)	数量		
材料	水泥砂浆(中砂)1∶2	m³	312.80	2.020	—	—
	水泥砂浆(中砂)1∶2.5	m³	291.80	—	2.020	—
	水泥砂浆(中砂)1∶3	m³	256.60	—	—	2.020
	水泥 32.5	kg		(1 212.000)	(1 070.600)	(892.840)
	细砂	m³		(2.101)	(2.101)	(2.101)
	水	m³	2.00	1.206	1.206	1.206

分表 2.1.5 压顶

<table>
<tr><td colspan="4">工作内容:冲洗石子、搅拌混凝土、混凝土水平运输、浇捣、养护等全部操作过程。</td><td>单位:10 m³</td></tr>
<tr><td colspan="3">定额编号</td><td>AE0322</td><td>AE0323</td></tr>
<tr><td colspan="3" rowspan="2">项　目</td><td>压顶、扶手(中砂)</td><td>压顶、扶手特(细砂)</td></tr>
<tr><td colspan="2">C20</td></tr>
<tr><td colspan="3">基　价</td><td>3 396.78</td><td>3 443.75</td></tr>
<tr><td rowspan="4">其中</td><td colspan="2">人工费</td><td>935.80</td><td>935.80</td></tr>
<tr><td colspan="2">材料费</td><td>2 125.75</td><td>2 172.72</td></tr>
<tr><td colspan="2">机械费</td><td>65.01</td><td>65.01</td></tr>
<tr><td colspan="2">综合费</td><td>270.22</td><td>270.22</td></tr>
<tr><td>名称</td><td>单位</td><td>单价(元)</td><td colspan="2">数量</td></tr>
</table>

材料	名称	单位	单价(元)	AE0322	AE0323
材料	混凝土(中砂)C20	m³	205.70	10.100	—
	混凝土特(细砂)C20	m³	210.35	—	—
	水泥 32.5	kg		(3 373.400)	(3 676.400)
	中砂	m³		(4.949)	—
	特细砂	m³		—	(4.040)
	砾石 5~20 mm	m³		(8.484)	(9.595)
	水	m³	2.00	13.790	13.790
	其他材料费	元		20.600	20.600

分表 2.1.6 塑性混凝土

<table>
<tr><td colspan="4">定额编号</td><td>YA0008</td><td>YA0009</td><td>YA0010</td><td>YA0011</td></tr>
<tr><td colspan="4" rowspan="3">项　目</td><td colspan="4">塑性混凝土(中砂)</td></tr>
<tr><td colspan="4">砾石最大粒径:20 mm</td></tr>
<tr><td>C10</td><td>C15</td><td>C20</td><td>C25</td></tr>
<tr><td colspan="4">基　价</td><td>173.75</td><td>189.45</td><td>205.7</td><td>225.3</td></tr>
<tr><td rowspan="3">其中</td><td colspan="3">人工费</td><td>—</td><td>—</td><td>—</td><td>—</td></tr>
<tr><td colspan="3">材料费</td><td>173.75</td><td>189.45</td><td>205.7</td><td>225.3</td></tr>
<tr><td colspan="3">机械费</td><td>—</td><td>—</td><td>—</td><td>—</td></tr>
<tr><td colspan="2">名称</td><td>单位</td><td>单价(元)</td><td colspan="4">数量</td></tr>
<tr><td rowspan="4">材料</td><td>水泥 32.5</td><td>kg</td><td>0.40</td><td>228.000</td><td>284.000</td><td>334.000</td><td>390.000</td></tr>
<tr><td>中砂</td><td>m³</td><td>70.00</td><td>0.620</td><td>0.550</td><td>0.490</td><td>0.450</td></tr>
<tr><td>砾石 5~20 mm</td><td>m³</td><td>45.00</td><td>0.870</td><td>0.830</td><td>0.840</td><td>0.840</td></tr>
<tr><td>水</td><td>m³</td><td></td><td>(0.190)</td><td>(0.190)</td><td>(0.190)</td><td>(0.190)</td></tr>
</table>

分表 2.1.7　屋面排水管

工作内容:画线,埋设管卡,安装塑料水落管、石棉水泥管、弯管、水斗等全部操作过程。　单位:见表					
定额编号				AJ0092	AJ0093
项　目				塑料水落管	
				ϕ110	ϕ160
				10 m	
基　价				204.22	290.40
其中	人工费			50.15	50.15
	材料费			144.04	230.22
	机械费			—	—
	综合费			10.03	10.03
名称		单位	单价(元)	数量	
材料	硬塑料管 ϕ110	m	12.00	10.350	—
	硬塑料管 ϕ160	m	20.00	—	10.350
	镀锌铁皮 24#	m^2	25.00	—	—
	塑料弯管	个	9.00	0.630	0.630
	塑料膨胀螺栓 $\phi10\times70$	套	0.05	14.000	14.000
	铁卡箍	kg	6.00	2.000	2.500
	PVC 聚氯乙烯黏合剂	kg	1.20	0.250	0.350
	加工铁件	kg	5.00	—	—
	焊锡	kg	20.00	—	—
	其他材料费	元		1.170	1.430

步骤 2　计算定额工程量

1) 实训目的

通过本次实训任务,学生应能达成以下能力目标:

①清楚定额工程量计算依据;

②清楚工程量计算顺序;

③清楚工程量计算原则;

④清楚工程量计算要求;

⑤清楚工程量计算方法;

⑥具备计算分项工程定额工程量的基本能力。

2）实训内容

针对实训案例，结合2015年《四川省建设工程工程量清单计价定额》（房屋建筑与装饰工程）分册，计算分项工程定额工程量。

3）实训步骤与指导

（1）定额工程量计算依据

工程量是编制工程量清单、施工组织设计、材料供应计划以及进行统计工作和实现成本核算的重要依据。

定额工程量计算的主要依据如下：

①设计施工图纸及设计说明书、相关图集、设计变更资料、图纸答疑、会审记录等；

②经审定的施工组织设计或施工方案；

③工程施工合同、招标文件的商务条款；

④计价定额中的工程量计算规则。

（2）工程量计算顺序

为了避免漏算或重算，提高计算的准确度，工程量计算应按照一定的顺序进行。但具体计算顺序因人而异，可以根据具体工程和个人习惯来确定。常见的工程量计算顺序分为以下几种情形：

①对于单位工程，一般采用按施工顺序或定额顺序进行计算。按施工顺序计算就是按照施工的先后顺序计算工程量；按定额顺序计算就是按照计价定额中分部分项工程的先后顺序计算工程量。

②对于单个分项工程，可以按一定的方向进行计算，比如按顺时针方向依次计算，即从平面图的左上角开始，自左至右，然后再由上而下，最后转回到左上角为止。

③当有完整的设计施工图纸时，还可以按图纸编号顺序进行计算，即按照图纸上所标注结构构件、配件的编号顺序进行计算。

（3）工程量计算原则

①工程量计算与规则的一致性。工程量计算必须与定额中规定的工程量计算规则或计算方法相一致，才符合定额的要求。定额对分项工程的工程量计算规则和技术方法都作了详细具体的规定，计算时必须严格按规定执行。按施工图纸计算工程量采用的计算规则，必须与本地区现行计价定额计算规则一致。各省、自治区、直辖市计价定额的工程量计算规则，其主要内容基本一致，差异不大。注意，在计算工程量时，应按工程所在地计价定额规定的工程量计算规则进行计算。

②计算口径的一致性。计算工程量时，根据设计施工图纸列出的工程子目的口径（指工程子目所包括的工作内容），必须与基础定额中相应的工程子目的口径一致。注意，不能将定额子目中已包括的工作内容拿出来单独列项计算。同时，计量单位也要一致。计算工程量时，所计算工程子目的工程量的单位必须与定额中相应子目的单位一致。例如，以体积计算

的单位为立方米(m^3),以面积计算的单位为平方米(m^2),以长度计算的单位为米(m)等。

③计算尺寸取定的一致性。计算工程量时,首先要对设计施工图纸的尺寸进行核对,并对各子目计算尺寸的取定要一致。

④计算精度规定的一致性。工程量的数字计算要准确,精度要求一般是中间过程精确到小数点后三位;汇总时,立方米、平方米和米以下取两位小数,吨以下取三位小数,千克取整数,建筑面积一般取整数等。

(4)工程量计算要求

关于分部分项工程的计量单位,应遵守《建设工程工程量清单计价规范》(GB 50500—2013)的规定,当规范附录中有两个或两个以上计量单位的,应结合拟建工程项目的实际选择其中之一确定,一般会选择与计价定额对应项目相同的计量单位,以方便计价。

①熟悉定额内容及工程量计算规则。计价定额中明确规定了哪些项目应该算,哪些项目可以不用算。工程量计算规则是确定施工图尺寸数据、内容取定、工程量调整系数、工程量计算方法的重要依据。如果工程造价人员对定额内容及工程量计算规则不清楚或理解有偏差,很容易导致某些项目不该算的算了,该算的又未算,从而对该项目的工程量计算结果产生较大影响。

②熟悉图纸及相关标准图集。设计施工图纸及相关标准图集是工程量计算的基本依据。熟悉图纸就是要弄清楚图纸中的各项内容,包括平、纵断面图上的相互衔接关系。另外,在熟悉图纸的过程中还要对图纸进行审核,审核内容包括但不限于:图纸间相关尺寸是否有误,设备与材料表上的规格、数量是否与图示相符,详图、说明、尺寸和其他符号是否正确等。

③了解施工工艺。对施工工艺不清楚,是工程造价人员在编制工程造价文件时产生漏套、错套定额的常见原因之一。

④详细列出计算式。计算式是计算过程的具体体现。工程量计算一般采用表格形式,表格中一般应包括定额编号、项目名称、计量单位、工程量以及详细的计算式等内容,见表2.2。

表2.2　工程量计算表

工程名称:　　　　　　　　　　　　　　　　　　　　　　第　页共　页

序号	定额编号	项目名称	单位	工程量	计算式

计算人:　　　　　　校核人:　　　　　　审查人:　　　　　　年　月　日

⑤按定额顺序整理。工程量计算的工作量较大、耗时较长，为了提高工作效率，计算工程量时不一定按照定额顺序进行。但是在工程量计算完成后，工程造价人员应按照定额顺序进行整理，以便开展套用定额、计算分部分项工程费、分析经济指标等后续工作。

(5)工程量计算方法

在进行工程量计算时，主要方法有统筹法、增减法和图形比例法。

①统筹法。统筹法是一种研究、分析事物内在规律及相互依赖关系，从全局角度出发，明确工作重点，合理安排工作顺序，提高工作质量和效率的科学管理方法。应用统筹法计算工程量的主要思想是不按施工顺序或传统顺序计算，找出工程量计算中的共性因素，先主后次统筹安排，利用基数方便算出其他多个工程量。

②增减法。增减法是以已经计算完成的工程量为基数，通过增加或减少部分工程量得出需要的另外一个计算结果。

③图形比例法。图形比例法是利用构件本身的图形规律来计算工程量。

4)实训成果

熟悉设计施工图纸及有关资料，根据图纸内容及工程量计算规则计算各分项工程的工程量，本实训案例的工程量计算见表2.3。

表2.3　工程量计算表

工程名称:新建××厂房配套卫浴间　　　　第　页共　页

定额编号	项目名称	计算式	单位	工程量
AA0001	平整场地	(3.73+0.24)×(16+0.24)	m^2	64.47
AA0004	挖沟槽土方	{(3.73+16)×2+[(3.73−0.6)+(1.8−0.3)×2]×2+(3.73−0.6)}×(0.6+0.3×2)×(1.5−0.15)	m^3	88.86
AA0081	基础回填(夯填)	88.86−{[0.24×(−0.15+1.25)+0.06×0.12×2]×56.65+8.23}	m^3	64.86
AA0081	室内回填(夯填)	[(3.73−0.24)×(3−0.24)+(1.8−0.24)×(1.8−0.24)+(3.73−0.24)×(2.4−0.24)+(1.93−0.24)×1.8+(3.73−0.24)×(3.7−0.24)+(1.93−0.24)×1.8+(1.8−0.24)×(1.8−0.24)+(3.73−0.24)×(3.3−0.24)]×(0.3−0.126)	m^3	8.85
AA0087换	机械装运土(运距=5 000 m)	88.86−64.86−8.85	m^3	15.15
AD0002	M7.5水泥砂浆(细砂)砌砖基础	{0.24×[0.15−(−1.25)]+0.12×0.06×2}×56.65−2.45−1.29−2.04	m^3	14.07
AL0069换	防潮层	13.53	m^2	13.53
AD0020	M5混合砂浆(特细砂)砌实心砖墙	[(3.75−0.15−0.18)×(39.46+17.19)−7.56−7.2−1.56×2.1×2]×0.24−0.35−3.48	m^3	37.55
AD0020	M5混合砂浆(特细砂)砌女儿墙	0.24×39.46×0.34−0.35	m^3	2.87

续表

定额编号	项目名称	计算式	单位	工程量
AE0017	C20商品混凝土基础垫层	{(3.73+16)×2+[(3.73−0.6)+(1.8−0.3)×2]×2+(3.73−0.6)}×0.6×0.25	m^3	8.23
AE0016	C15商品混凝土浴室排水沟垫层	0.65×0.1×(2.73+3.19−0.65+2.73)	m^3	0.52
AE0094换	C25商品混凝土构造柱	防潮层以下： GZ1:0.24×0.24×(1.25+0.15−0.18−0.15)×9+0.03×0.24×(1.25+0.15−0.18−0.15)×(3×3+2×6) GZ2:0.2×0.24×(1.25+0.15−0.18−0.15)×5+0.03×0.24×(1.25+0.15−0.18−0.15)×3×5　[1.09] 防潮层以上： GZ1:0.24×0.24×(3.75−0.15−0.18)×9+0.03×0.24×(3.75−0.15−0.18)×(3×3+2×6) GZ2:0.2×0.24×(3.75−0.15−0.18)×5+0.03×0.24×(3.75−0.15−0.18)×3×5　[3.48] 女儿墙处： GZ1:0.24×0.24×0.34×9+0.03×0.24×0.34×(3×3+2×6) GZ2:0.2×0.24×0.34×5+0.03×0.24×0.34×3×5　[0.35] 合计:1.09+3.48+0.35=4.92	m^3	4.92
AE0112	C25商品混凝土矩形梁	0.24×0.25×(3.73−1.8−0.24)×2	m^3	0.20
AE0112	C25商品混凝土地圈梁	0.24×0.18×{(3.73+16)×2+[(3.73−0.24)+(1.8−0.12)×2]×2+(3.73−0.24)}	m^3	2.45
AE0112	C25商品混凝土圈梁	0.24×0.18×(39.46+17.19)	m^3	2.45
AE0144	C20现浇混凝土过梁	0.24×0.12×1.5×4+0.24×0.18×2.06×2	m^3	0.35
AE0232	C25商品混凝土无梁板	(3.73−0.24)×(3−0.24)×0.1+(1.8−0.24)×(1.8−0.24)×0.08+[(3.73−0.24)×(2.4−0.24)+(1.93−0.24)×1.8]×0.08+(3.73−0.24)×(3.7−0.24)×0.1+(1.93−0.24)×1.8×0.08+(1.8−0.24)×(1.8−0.24)×0.08+(3.73−0.24)×(3.3−0.24)×0.1	m^3	4.72
AE0318换	C25现浇混凝土浴室排水明沟(中砂)	(3.19+2.73−0.15×2+2.73)×1.1×0.3	m^3	2.76
AE0322换	C15现浇混凝土压顶(中砂)	(0.06+0.05)×0.3×0.5×39.46	m^3	0.65
AE0336	C25现浇混凝土止水带(中砂)	0.24×0.15×(39.46+17.19)	m^3	2.04

续表

定额编号	项目名称	计算式	单位	工程量
AQ0083	成品雨篷	2.5×0.9×2	m^2	4.50
AH0045 换	铝合金门 M0921	0.9×2.1×4	m^2	7.56
AH0143	塑钢推拉窗 C1215	1.2×1.5×4	m^2	7.20
AJ0022 换	弹性体(SBS)改性沥青屋面卷材防水	55+(3.73−0.24+16−0.24)×2×0.3	m^2	66.55
AL0065	水泥砂浆(中砂)楼地面找平层(厚度 20 mm)	(3.73−0.24)×(16−0.24)	m^2	55.00
AJ0106	塑料山墙出水口(带水斗)ϕ160	见设计施工图纸	个	1
AJ0093	塑料水落管 ϕ160	3.9×2	m	7.80
AJ0092 换	塑料溢流管 ϕ50	见设计施工图纸	m	1
AK0015	水泥焦渣保温隔热屋面	(3.73−0.24)×(16−0.24)	m^2	55.00
AL0070	水泥砂浆(中砂)楼地面找平层(厚度 20 mm)	(3.73−0.24)×(16−0.24)	m^2	55.00
AE0007	C10 混凝土楼地面垫层(中砂)	50.88×0.1	m^2	5.09
AJ0042	屋面涂膜防水(水乳型橡胶沥青涂料)	50.88+0.9×0.24×4+69.23×0.3	m^2	72.50
AL0114 换	地砖楼地面(≤300 mm×300 mm)	50.88+0.9×0.24×4	m^2	51.74
AM0103	内墙立面水泥砂浆(特细砂)找平层(厚度 13 mm)	①(3.73−0.24−0.006×2+3−0.24−0.006×2)×2×3.5−1.2×1.5−0.9×2.1 ②[(1.8−0.24−0.006×2)×4×3.5−1.56×2.1−0.9×2.1×2]×2 ③[2.4−0.24−0.006×2+3.73−0.24−0.006×2+4.2−0.24−0.006×2+1.9−0.24−0.006×2+(1.8−0.12−0.006)×2]×3.5−0.9×2.1−1.2×1.5 ④(3.73−0.24−0.006×2+3.3−0.24−0.006×2)×2×3.5−1.2×1.5−0.9×2.1 ⑤[3.7−0.24−0.006×2+3.73−0.24−0.006×2+5.5−0.24−0.006×2+1.9−0.24−0.006×2+(1.8−0.12−0.006)×2]×3.5−0.9×2.1−1.2×1.5 合计:①+②+③+④+⑤	m^2	214.83

续表

定额编号	项目名称	计算式	单位	工程量
AM0285 换	内墙砂浆粘贴面砖(≤600 mm×600 mm)	同 AM0103 计算	m^2	214.83
AN0122 换	铝合金扣板天棚吊顶(条形)	50.88	m^2	50.88
AN0074	铝合金格片式龙骨(间距 150 mm)	50.88	m^2	50.88
AM0100	外墙立面水泥砂浆(中砂)找平层(厚度 13 mm,1∶3)	(3.73+0.24+16+0.24)×2×(4.15+0.15)−2.8×0.15×2−1.2×1.5×4−1.56×2.1×2	m^2	159.21
AP0306	外墙及天棚抹灰面(氟碳漆成活)	(3.73+0.24+16+0.24)×2×(4.15+0.15)−2.8×0.15×2−1.2×1.5×4−1.56×2.1×2	m^2	159.21
AM0098	外墙立面水泥砂浆(中砂)找平层(厚度 13 mm,1∶2)	(3.73+0.24+16+0.24)×2×(4.15+0.15)−2.8×0.15×2−1.2×1.5×4−1.56×2.1×2	m^2	159.21
AS0001	综合脚手架	(3.73+0.24)×(16+0.24)	m^2	64.47
AS0044	构造柱复合模板	(0.24+0.03×2)×(1.25−0.18+3.75−0.15−0.18+0.34)×2×6+(0.24+0.03×2+0.03×2)×(1.25−0.18+3.75−0.15−0.18+0.34)×8	m^2	31.30
AS0050	矩形梁复合模板	0.25×(3.73−1.8−0.24)×2×2	m^2	1.69
AS0054	地圈梁复合模板	(39.46+17.19)×0.18×2	m^2	20.39
AS0054	圈梁复合模板	(39.46+17.19)×0.18×2	m^2	20.39
AS0056	过梁复合模板	0.12×1.5×4×2+0.18×2.06×2×2	m^2	2.92
AS0069	无梁板复合模板	50.88	m^2	50.88
AS0026	基础垫层复合模板	(39.46+15.39)×0.25×2	m^2	27.43
AS0026	排水沟垫层复合模板	(3.19+2.73−0.15×2+2.73)×0.1×2	m^2	1.67
AS0095	混凝土压顶复合模板	0.055×39.46×2	m^2	4.34
AS0095	止水带复合模板	(39.46+17.19)×0.15×2	m^2	17.00
AS0119	单层厂房垂直运输(砖混)	(3.73+0.24)×(16+0.24)	m^2	64.47

任务2　计算分部分项工程费和措施项目费

【实训目标】

分部分项工程费是各分部分项工程应予列支的各项费用，其计算方法因定额基价形式的不同而不同。一般来说，各省、自治区、直辖市的计价定额基价形式主要表现为工料单价和综合单价。

措施项目费是指为完成建设工程施工，发生于该工程施工前和施工过程中的技术、生活、安全、环境保护等方面的费用。

通过该实训项目，学生应达到以下要求：

①能根据工料单价法计算分部分项工程费；

②能根据综合单价法计算分部分项工程费；

③能计算单价措施项目费；

④能计算总价措施项目费。

步骤1　计算分部分项工程费

1）实训目的

通过本次实训任务，学生应能达成以下能力目标：

①清楚分部分项工程费的计算方法；

②具备编制分部分项工程费及工料分析表的基本能力；

③具备工程单价换算的基本能力。

2）实训内容

针对实训案例，结合2015年《四川省建设工程工程量清单计价定额》（房屋建筑与装饰工程）分册，编制分部分项工程费计算及工料分析表和工程单价换算表。

3）实训步骤与指导

各省、自治区、直辖市的计价定额基价形式主要表现为两种情形：一是工料单价，即定额基价由人工费、材料费、施工机具使用费组成；二是综合单价，即定额基价由人工费、材料费、施工机具使用费、企业管理费和利润组成。不同的定额基价形式，其分部分项工程费的计算方法不同。

(1)工料单价

定额基价为工料单价形式,其分部分项工程费的计算方法如下:

$$分部分项工程费 = \sum(分部分项工程量 \times 定额基价) + 企业管理费 + 利润$$

①企业管理费。根据建标〔2013〕44 号文中《建筑安装工程费用参考计算方法》,企业管理费的计算方法按取费基数的不同分为以下 3 种:

a.以分部分项工程费为计算基础:

$$企业管理费 = 分部分项工程费 \times 企业管理费费率(\%)$$

b.以人工费和机械费合计为计算基础:

$$企业管理费 = (人工费 + 机械费) \times 企业管理费费率(\%)$$

c.以人工费为计算基础:

$$企业管理费 = 人工费 \times 企业管理费费率(\%)$$

其中,企业管理费费率的计算方法如下:

- 以分部分项工程费为计算基础:

$$企业管理费费率(\%) = \frac{生产工人年平均管理费}{年有效施工天数 \times 人工单价} \times 人工费占分部分项工程费比例(\%)$$

- 以人工费和机械费为计算基础:

$$企业管理费费率(\%) = \frac{生产工人年平均管理费}{年有效施工天数 \times (人工单价 + 每一工日机械使用费)} \times 100\%$$

- 以人工费为计算基础:

$$企业管理费费率(\%) = \frac{生产工人年平均管理费}{年有效施工天数 \times 人工单价} \times 100\%$$

编制招标控制价(或标底)时,企业管理费的计算方法由工程所在地造价行政主管部门规定,编制人应根据工程所在地的相关规定计算企业管理费。

投标报价时,企业管理费的计算方法由投标企业自主确定,编制人应根据招标文件的要求,结合企业具体情况确定企业管理费。

②利润。利润的计算有以下 3 种方法:

a.以分部分项工程费为计算基础:

$$利润 = 分部分项工程费 \times 相应利润率(\%)$$

b.以人工费和机械费为计算基础:

$$利润 = (人工费 + 机械费) \times 相应利润率(\%)$$

c.以人工费为计算基础:

$$利润 = 人工费 \times 相应利润率(\%)$$

编制招标控制价(或标底)时,利润的计算方法由工程所在地造价行政主管部门规定,编制人应根据工程所在地的相关规定计算利润。

投标报价时,利润的计算方法由投标企业自主确定,编制人应根据招标文件的要求,结合企业具体情况确定利润。

(2)综合单价

定额基价为综合单价形式,其分部分项工程费的计算方法如下:

$$分部分项工程费 = \sum(分部分项工程量 \times 定额基价)$$

4)实训成果

本实训案例的分部分项工程费计算及工料分析见表2.4。

分部分项工程费=∑(分部分项工程量×定额基价),限于篇幅,仅列出部分具体计算过程。

(AA0087换)机械装运土(运距=5 000 m)的分部分项工程费=15.15(工程量)×[1.27(人工费单价)+0.02(材料费单价)+7.94(机械费单价)+1.01(综合费单价)]≈155.13(元)

(AE0094换)C25商品混凝土构造柱的分部分项工程费=4.92(工程量)×[32.76(人工费单价)+342.55(材料费单价)+1.61(机械费单价)+8.94(综合费单价)]=1 898.43(元)

说明:根据2015年《四川省建设工程工程量清单计价定额》的规定,综合费单价为管理费、利润的单价;根据2015年《四川省建设工程工程量清单计价定额》(爆破工程 建筑安装工程费用 附录)的规定,此处先计算出定额人工费,为后续计算总价措施项目提供计算基础。

工程单价换算见表2.5。

表 2.4　分部分项工程费计算及工料分析表

工程名称:新建××厂房配套卫浴间　　　　　第　页共　页

序号	定额编号	项目名称	单位	工程量	合价	人工费		材料费		机械费		综合费		主要材料及燃料消耗量		
						单价	小计	单价	小计	单价	小计	单价	小计			
1	AA0001	平整场地	m^2	64.47	76.08	0.46	29.66	—	—	0.60	38.68	0.12	7.74	柴油(kg)		
														2.513		
2	AA0004	挖沟槽土方	m^3	88.86	1 450.19	13.86	1 231.60	—	—	0.84	74.64	1.62	143.95	柴油(kg)		
														5.513		
3	AA0081	基础回填(夯填)	m^3	64.86	535.75	5.58	361.92	—	—	1.86	120.64	0.82	53.19	水(m^3)		
														0.065		
4	AA0081	室内回填(夯填)	m^3	8.85	73.10	5.58	49.38	—	—	1.86	16.46	0.82	7.26	水(m^3)		
														0.009		
5	AA0087换	机械装运土(运距=5 000 m)	m^3	15.15	155.13	1.27	19.24	0.02	0.30	7.94	120.29	1.01	15.30	水(m^3)	柴油(kg)	汽油(kg)
														0.164	9.093	0.091
6	AD0002	M7.5水泥砂浆(细砂)砌砖基础	m^3	14.07	5 211.96	103.14	1 451.18	250.38	3 522.85	0.80	11.26	16.11	226.67	水泥砂浆(细砂)M7.5(m^3)	标准砖(千匹)	水(m^3)
														3.349	7.373	1.610
7	AL0069换	防潮层	m^2	13.53	181.85	5.90	79.83	6.34	85.78	0.07	0.95	1.13	15.29	水泥砂浆(中砂)1:2(m^3)	水(m^3)	
														0.273	0.163	

续表

序号	定额编号	项目名称	单位	工程量	合价	人工费		材料费		机械费		综合费		主要材料及燃料消耗量		
						单价	小计	单价	小计	单价	小计	单价	小计			
8	AD0020	M5 混合砂浆（特细砂）砌实心砖墙	m^3	37.55	15 065.44	131.53	4 938.95	248.44	9 328.92	0.74	27.79	20.50	769.78	混合砂浆（特细砂）M5（m^3）	标准砖（千匹）	水（m^3）
														8.411	19.939	4.551
9	AD0020	M5 混合砂浆（特细砂）砌女儿墙	m^3	2.87	1 151.47	131.53	377.49	248.44	713.02	0.74	2.12	20.50	58.84	混合砂浆（特细砂）M5（m^3）	标准砖（千匹）	水（m^3）
														0.643	1.524	0.348
10	AE0017	C20 商品混凝土基础垫层	m^3	8.23	2 991.76	22.31	183.61	334.14	2 749.97	1.01	8.31	6.06	49.87	商品混凝土C20（m^3）	水（m^3）	
														8.312	1.975	
11	AE0016	C15 商品混凝土浴室排水沟垫层	m^3	0.52	183.78	22.31	11.60	324.04	168.50	1.01	0.53	6.06	3.15	商品混凝土C15（m^3）	水（m^3）	
														0.525	0.125	
12	AE0094换	C25 商品混凝土构造柱	m^3	4.92	1 898.43	32.76	161.18	342.55	1 685.35	1.61	7.92	8.94	43.98	商品混凝土C25（m^3）	水（m^3）	
														4.945	1.884	

13	AE0112	C25 商品混凝土矩形梁	m^3	0.20	75.76	26.69	5.34	343.16	68.63	1.61	0.32	7.36	1.47	商品混凝土 C25(m^3)	水(m^3)	
														0.201	0.060	
14	AE0112	C25 商品混凝土地圈梁	m^3	2.45	928.10	26.69	65.39	343.16	840.74	1.61	3.94	7.36	18.03	商品混凝土 C25(m^3)	水(m^3)	
														2.462	0.737	
15	AE0112	C25 商品混凝土圈梁	m	2.45	928.10	26.69	65.39	343.16	840.74	1.61	3.94	7.36	18.03	商品混凝土 C25(m^3)	水(m^3)	
														2.462	0.737	
16	AE0144	C20 现浇混凝土过梁	m^3	0.35	104.51	76.67	26.83	194.00	67.90	5.71	2.00	22.24	7.78	商品混凝土 C20(m^3)	水(m^3)	
														0.354	0.380	
17	AE0232	C25 商品混凝土无梁板	m^3	4.72	1 793.55	26.81	126.54	343.98	1 623.59	1.77	8.35	7.43	35.07	商品混凝土 C20(m^3)	水(m^3)	
														4.744	2.506	
18	AE0318 换	C25 现浇混凝土浴室排水明沟（中砂）	m^3	2.76	839.99	61.35	169.33	214.89	593.10	9.08	25.06	19.02	52.50	混凝土（中砂）C25(m^3)	水(m^3)	塑料箅子(m)
														2.788	3.386	2.788
19	AE0322 换	C15 现浇混凝土压顶（中砂）	m^3	0.65	210.12	93.58	60.83	196.16	127.50	6.50	4.23	27.02	17.56	混凝土（中砂）C15(m^3)	水(m^3)	
														0.657	0.896	

续表

序号	定额编号	项目名称	单位	工程量	合价	人工费		材料费		机械费		综合费		主要材料及燃料消耗量		
						单价	小计	单价	小计	单价	小计	单价	小计			
20	AE0336	C25 现浇混凝土止水带(中砂)	m^3	2.04	776.73	94.32	192.41	252.71	515.53	6.50	13.26	27.22	55.53	商品混凝土 C25(m^3)	水(m^3)	
														2.060	3.291	
21	AQ0083	成品雨篷	m^2	4.50	5 149.40	99.23	446.54	981.02	4 414.59	26.38	118.71	37.68	169.56	夹胶玻璃(m^2)	不锈钢管(t)	四爪挂件(套)
														4.725	0.049	3.015
														二爪挂件(套)	成套挂件(套)	钢丝绳 ϕ15.5(m)
														2.010	0.773	3.245
														钍钨极棒(g)	铁件(kg)	电焊条(kg)
														5.260	17.509	0.089
22	AH0045 换	铝合金门 M0921	m^2	7.56	1 479.35	28.93	218.71	157.30	1 189.19	1.53	11.57	7.92	59.88	铝合金门 M0921(m^2)	膨胀螺栓(套)	镀锌螺钉带垫(个)
														7.190	43.546	43.546
23	AH0143	塑钢推拉窗 C1215	m^2	7.20	1 452.96	27.20	195.84	165.25	1 189.80	1.81	13.03	7.54	54.29	塑钢平开窗(m^2)	膨胀螺栓(套)	
														6.868	29.664	
24	AJ0022 换	弹性体(SBS)改性沥青屋面卷材防水	m^2	66.55	2 375.17	6.24	415.27	28.20	1 876.71	—	—	1.25	83.19	弹性体改性沥青防水卷材聚酯胎,I 型 4 mm(m^2)	改性沥青嵌缝油膏(kg)	冷底子油 30:70(kg)
														75.202	7.121	38.013

25	AL0065	水泥砂浆（中砂）楼地面找平层（厚度20 mm）	m²	55.00	869.00	6.53	359.15	7.93	436.15	0.08	4.40	1.26	69.30	水泥砂浆中砂1∶2（m³）	水（m³）	
														1.392	0.417	
26	AJ0106	塑料山墙出水口（带水斗）$\phi160$	个	1	91.34	25.23	25.23	61.06	61.06	—	—	5.05	5.05	塑料山墙出水口（套）	塑料弯管（个）	塑料水斗（个）
														1.010	1.010	1.010
														排水管连接件160×50（个）		
														1.010		
27	AJ0093	塑料水落管$\phi160$	m	7.80	226.52	5.02	39.16	23.02	179.56		—	1.00	7.80	塑料硬管（m）	塑料弯管（m）	塑料膨胀螺栓（套）
														8.073	0.491	10.920
														铁卡箍（kg）	PVC聚氯乙烯黏合剂（kg）	
														1.950	0.273	
28	AJ0092换	塑料溢流管$\phi50$	m	1	20.42	5.02	5.02	14.40	14.40	—	—	1.00	1.00	塑料硬管$\phi50$（m）	塑料弯管（m）	塑料膨胀螺栓（套）
														1.035	0.063	1.400
														铁卡箍（kg）	PVC聚氯乙烯黏合剂（kg）	
														0.200	0.025	

续表

序号	定额编号	项目名称	单位	工程量	合价	人工费		材料费		机械费		综合费		主要材料及燃料消耗量		
						单价	小计	单价	小计	单价	小计	单价	小计			
29	AK0015	水泥焦渣保温隔热屋面	m^2	55.00	14 239.50	86.55	4 760.25	155.04	8 527.20	—	—	17.31	952.05	水泥焦渣混凝土1∶6(m^3)	水(m^3)	
														67.771	16.665	
30	AL0070	水泥砂浆(中砂)楼地面找平层(厚度20 mm)	m^2	55.00	677.05	5.90	324.50	5.21	286.55	0.07	3.85	1.13	62.15	水泥砂浆中砂1∶3(m^3)	水(m^3)	
														1.111	0.663	
31	AE0007	C10混凝土楼地面垫层(中砂)	m^2	5.09	1 145.96	46.65	237.45	161.32	821.12	3.60	18.32	13.57	69.07	混凝土中砂C10(m^3)	水(m^3)	
														5.166	3.832	
32	AJ0042	屋面涂膜防水(水乳型橡胶沥青涂料)	m	72.50	1 036.76	5.91	428.48	7.21	522.73	—	—	1.18	85.55	水乳型橡胶沥青涂料(kg)	玻纤布(m^2)	
														76.451	77.140	
33	AL0114换	地砖楼地面(≤300 mm×300 mm)	m^2	51.74	3 851.00	26.78	1 385.60	39.33	2 034.93	0.22	11.38	8.10	419.09	防滑彩釉地砖(m^2)	水泥砂浆(中砂)1∶2(m^3)	白水泥(kg)
														53.034	0.786	7.761
														水(m^3)		
														0.236		
34	AM0103	内墙立面水泥砂浆(特细砂)找平层(厚度13 mm)	m^2	214.83	2 455.51	6.61	1 420.03	3.50	751.91	0.05	10.74	1.27	272.83	水泥砂浆(特细砂)1∶3(m^3)	水(m^3)	
														3.094	2.217	

35	AM0285 换	内墙砂浆粘贴面砖（≤600 mm×600 mm）	m^2	214.83	20 542.04	30.31	6 511.50	55.47	11 916.62	0.57	122.45	9.27	1 991.47	6 mm 厚彩色釉面砖（m^2）	水泥砂浆（中砂）1∶2（m^3）	水泥砂浆（中砂）1∶3（m^3）
														223.423	1.096	1.439
														白水泥（kg）	水（m^3）	
														32.225	0.760	
36	AN0122 换	铝合金扣板天棚吊顶（条形）	m^2	50.88	2 634.57	7.65	389.23	41.84	2 128.82	—	—	2.29	116.52	铝合金条板（m^2）	锯材 综合（m^3）	
														51.898	0.010	
37	AN0074	铝合金格片式龙骨（间距150 mm）	m^2	50.88	1 766.04	6.28	319.53	26.55	1 350.86	—	—	1.88	95.65	铝合金格式龙骨（m^3）	加工铁件（kg）	预埋铁件（kg）
														51.898	0.102	10.176
38	AM0100	外墙立面水泥砂浆（中砂）找平层（厚度13 mm 1∶3）	m^2	159.21	1 854.80	6.61	1 052.38	3.72	592.26	0.05	7.96	1.27	202.20	水泥砂浆（中砂）1∶2（m^3）	水（m^3）	
														2.293	1.643	
39	AP0306	外墙及天棚抹灰面（氟碳漆成活）	m^2	159.21	12 098.36	39.07	6 220.33	25.20	4 012.09	—	—	11.72	1 865.94	金属氟碳漆（kg）		
														44.579		
40	AM0098	外墙立面水泥砂浆（中砂）找平层（厚度13 mm 1∶2）	m^2	159.21	1 982.17	6.61	1 052.38	4.52	719.63	0.05	7.96	1.27	202.20	水泥砂浆（中砂）1∶2（m^3）	水（m^3）	
														2.293	1.643	
合　计					110 579.72		35 414.28		65 958.60		821.06		8 385.78			

表 2.5　工程单价换算表

工程名称:新建××厂房配套卫浴间　　　　　　　　　　　　　　　　　第　页共　页

序号	分项工程名称	换算情况	定额编号	计算式	单位	金额
5	机械装运土(运距=5 000 m)	运距换算	AA0087 换	折算后的定额基价:6 189.73+1 012.13×4=10 238.25	元/1 000 m^3	10 238.25
				其中:材料费不变		21.60
				人工费:774.00+4×123.25=1 267.00	元/1 000 m^3	1 267.00
				机械费:4 782.87+4×788.58=7 937.19	元/1 000m^3	7 937.19
				综合费:611.26+4×100.30=1 012.46	元/1 000 m^3	1 012.46
7	防潮层	1∶2(YD0003)换 1∶2.5(YD0004)	AL0069 换	折算后的定额基价:590.30+634.27+6.83+113.45=1 344.85	元/100 m^2	1 344.85
				其中:		
				人工费:590.30	元/100 m^2	590.30
				材料费:2.02×312.8+1.206×2≈634.27	元/100 m^2	634.27
				机械费:6.83	元/100 m^2	6.83
				综合费:113.45	元/100 m^2	113.45
12	C25 商品混凝土构造柱	混凝土强度等级换算	AE0094 换	折算后的定额基价:3 758.10+10.05×(340−330)= 3 858.60	元/100 m^3	3 858.60
				其中:		
				人工费:327.60	元/100 m^3	327.60
				材料费:10.05×340+3.83×2+0.88=3 425.54	元/100 m^3	3 425.54
				机械费:16.10	元/100 m^3	16.10
				综合费:89.36	元/100 m^3	89.36
18	C25 现浇混凝土浴室排水明沟(中砂)	材料换算	AE0318 换	折算后的定额基价:613.48+2 148.94+90.77+190.15=3 043.34	元/10m^3	3 043.34
				其中:		
				人工费:613.48	元/10 m^3	613.48
				材料费: 10.1×205.70+12.269×2+8.344×5+5.110≈2 148.94	元/10 m^3	2 148.94
				机械费:90.77	元/10 m^3	90.77
				综合费:190.15	元/10 m^3	190.15

续表

序号	分项工程名称	换算情况	定额编号	计算式	单位	金额
19	C15现浇混凝土压顶(中砂)	材料换算	AE0322换	折算后的定额基价:3 396.78+10.10×(189.45-205.70)≈3 232.66	元/10m^3	3 232.66
				其中:		
				人工费:935.80	元/10 m^3	935.80
				材料费:189.45×10.10+13.79×2+20.60≈1 961.63	元/10 m^3	1 961.63
				机械费:65.01	元/10 m^3	65.01
				综合费:270.22	元/10 m^3	270.22
22	铝合金门M0921	材料换算	AH0045换	折算后的定额基价:2 893.05+15 729.90+153.40+792.08=19 568.43	元/100m^2	19 568.43
				其中:		
				人工费:2 893.05	元/100 m^2	2 893.05
				材料费:95.1×160+576×0.55+576×0.05+168.3=15 729.90	元/100 m^2	15 729.9
				机械费:153.40	元/100 m^2	153.40
				综合费:792.08	元/100 m^2	792.08
24	弹性体(SBS)改性沥青屋面卷材防水	材料换算	AJ0022换	折算后的定额基价:624.24+2 820.43+124.85=3 569.52	元/100 m^2	3 569.52
				其中:		
				人工费:624.24	元/100 m^2	624.24
				材料费:113×20+10.7×1.5+57.12×8.27+72≈2 820.43	元/100 m^2	2 820.43
				机械费:—	元/100 m^2	—
				综合费:124.85	元/100 m^2	124.85
28	塑料溢流管ϕ50	材料换算	AJ0092换	折算后的定额基价:50.15+144.04+10.03=204.22	元/10 m	204.22
				其中:		
				人工费:50.15	元/10 m	50.15
				材料费:10.35×12+0.63×9+14×0.05+2×6+0.25×1.2+1.17=144.04	元/10 m	144.04
				机械费:—	元/10 m	—
				综合费:10.03	元/10 m	10.03

续表

序号	分项工程名称	换算情况	定额编号	计算式	单位	金额
33	地砖楼地面（≤300 mm×300 mm）	材料换算	AL0114 换	折算后的定额基价：2 677.95+3 933.20+21.62+809.87=7 442.64	元/100 m^2	7 442.64
				其中：		
				人工费：2 677.95	元/100 m^2	2 677.95
				材料费：102.5×33+1.52×312.80+15×0.5+0.456×2+66.83≈3 933.20	元/100 m^2	3 933.20
				机械费：21.62	元/100 m^2	21.62
				综合费：809.87	元/100 m^2	809.87
35	内墙砂浆粘贴面砖（≤600 mm×600 mm）	材料换算	AM0285 换	折算后的定额基价：3 031.15+5 547.16+57.43+926.57=9 562.31	元/100m^2	9 562.31
				其中：		
				人工费：3 031.15	元/100 m^2	3 031.15
				材料费：104×50+0.51×312.8+0.67×256.60+15×0.5+0.354×2+7.5≈5 547.16	元/100 m^2	5 547.16
				机械费：57.43	元/100 m^2	57.43
				综合费：926.57	元/100 m^2	926.57
36	铝合金扣板天棚吊顶（条形）	材料换算	AN0122 换	折算后的定额基价：764.65+4 184.00+229.40=5 178.05	元/100 m^2	5 178.05
				其中：		
				人工费：764.65	元/100 m^2	764.65
				材料费：102×40+0.02×1 200+80=4 184.00	元/100 m^2	4 184.00
				机械费：—	元/100 m^2	—
				综合费：229.40	元/100 m^2	229.40

步骤 2　计算措施项目费

1) 实训目的

通过本次实训任务，学生应能达成以下能力目标：

①清楚措施项目费的计算方法；

②能够编制单价措施项目费及工料分析表；

③能够编制总价措施项目费。

2)实训内容

针对实训案例,结合 2015 年《四川省建设工程工程量清单计价定额》(房屋建筑与装饰工程)分册,计算措施项目费,包括单价措施项目费和总价措施项目费。

3)实训步骤与指导

措施项目费按能否计量分为单价措施项目费和总价措施项目费。

(1)单价措施项目费

这里的单价措施是指能够按照计价定额计算工程量的措施项目。单价措施项目费包括脚手架搭拆费、模板安拆费等。

定额基价有工料单价和综合单价两种表现形式,因此单价措施项目费的计算也有以下两种情况:

①工料单价:

$$单价措施项目费 = \sum(措施项目工程量 \times 定额基价) + 企业管理费 + 利润$$

企业管理费和利润的计算方法同本项目任务 1 的相关内容。

②综合单价:

$$单价措施项目费 = \sum(措施项目工程量 \times 定额基价)$$

(2)总价措施项目费

总价措施项目费包括安全文明施工费、夜间施工增加费、二次搬运费、冬雨季施工增加费和已完工程及设备保护费。总价措施项目的计算方法如下:

①安全文明施工费:

$$安全文明施工费 = 计算基数 \times 安全文明施工费费率(\%)$$

②夜间施工增加费:

$$夜间施工增加费 = 计算基数 \times 夜间施工增加费费率(\%)$$

③二次搬运费:

$$二次搬运费 = 计算基数 \times 二次搬运费费率(\%)$$

④冬雨季施工增加费:

$$冬雨季施工增加费 = 计算基数 \times 冬雨季施工增加费费率(\%)$$

⑤已完工程及设备保护费:

$$已完工程及设备保护费 = 计算基数 \times 已完工程及设备保护费费率(\%)$$

上述①—⑤项总价措施项目的计算基数应为定额人工费或定额人工费+定额机械费,其费率由工程造价管理机构根据各专业工程特点和调查资料综合分析后确定。

上述总价措施项目并不是每个项目都需要计算,是否计算应根据工程实际情况确定。

4)实训成果

本实训案例的单价措施项目费计算及工料分析见表 2.6,总价措施项目计价见表 2.7。

表 2.6　单价措施项目费计算及工料分析表

工程名称:新建××厂房配套卫浴间　　　　第　页共　页

序号	定额编号	项目名称	单位	工程量	合价	人工费		材料费		机械费		综合费		主要材料及燃料消耗量				
						单价	小计	单价	小计	单价	小计	单价	小计					
1	AS0001	综合脚手架	m²	64.47	565.40	5.39	347.49	2.47	159.24	0.29	18.70	0.62	39.97	脚手架钢材(kg)	锯材综合(m^3)	柴油(kg)		
														15.950	0.028	1.629		
2	AS0044	构造柱复合模板	m²	31.30	1 230.09	18.10	566.53	18.07	565.59	0.94	29.42	2.19	68.55	摊销卡具和支撑钢材(kg)	复合模板(m^2)	二等锯材(m^3)	汽油(kg)	柴油(kg)
														14.237	7.723	0.203	0.693	1.540
3	AS0050	矩形梁复合模板	m²	1.69	69.53	19.83	33.51	17.87	30.20	1.04	1.76	2.40	4.06	摊销卡具和支撑钢材(kg)	复合模板(m^2)	二等锯材(m^3)	对拉螺栓(kg)	对拉螺栓塑料管(m)
														1.163	0.417	0.008	0.250	2.028
														汽油(kg)	柴油(kg)			
														1.037	4.761			

4	AS0054	地圈梁 复合模板	m^2	20.39	673.27	17.11	348.87	12.96	264.25	0.88	17.94	2.07	42.21	摊销卡具和支撑钢材(kg)	复合模板(m^2)	二等锯材(m^3)	汽油(kg)	柴油(kg)
														1.673	5.031	0.101	0.380	1.017
5	AS0054	圈梁 复合模板	m^2	20.39	673.27	17.11	348.87	12.96	264.25	0.88	17.94	2.07	42.21	摊销卡具和支撑钢材(kg)	复合模板(m^2)	二等锯材(m^3)	汽油(kg)	柴油(kg)
														1.673	5.031	0.101	0.380	1.017
6	AS0056	过梁 复合模板	m^2	2.92	103.52	17.06	49.82	15.65	45.70	0.70	2.04	2.04	5.96	摊销卡具和支撑钢材(kg)	复合模板(m^2)	二等锯材(m^3)	汽油(kg)	柴油(kg)
														2.009	0.721	0.014	0.044	0.103
7	AS0069	无梁板 复合模板	m^2	50.88	1 898.33	17.25	877.68	17.16	873.10	0.82	41.72	2.08	105.83	摊销卡具和支撑钢材(kg)	复合模板(m^2)	二等锯材(m^3)	汽油(kg)	柴油(kg)
														17.506	12.555	0.391	0.439	2.689
8	AS0026	基础垫层 复合模板	m^2	27.43	645.15	10.56	289.66	11.48	314.90	0.24	6.58	1.24	34.01	二等锯材(m^3)	复合模板(m^2)	柴油(kg)		
														0.128	6.768	0.547		

续表

序号	定额编号	项目名称	单位	工程量	合价	人工费		材料费		机械费		综合费		主要材料及燃料消耗量				
						单价	小计	单价	小计	单价	小计	单价	小计					
9	AS0026	排水沟垫层复合模板	m^2	1.67	39.28	10.56	17.64	11.48	19.17	0.24	0.40	1.24	2.07	二等锯材（m^3）	复合模板（m^2）	柴油（kg）		
														0.008	4.121	0.033		
10	AS0095	混凝土压顶复合模板	m^2	4.34	251.47	33.81	146.74	19.25	83.55	0.89	3.86	3.99	17.32	复合模板（m^2）	二等锯材（m^3）	汽油（kg）	柴油（kg）	
														1.329	0.042	0.063	0.141	
11	AS0095	止水带复合模板	m^2	17.00	984.98	33.81	574.77	19.25	327.25	0.89	15.13	3.99	67.83	复合模板（m^2）	二等锯材（m^3）	汽油（kg）	柴油（kg）	
														5.207	0.164	0.246	0.554	
12	AS0119	单层厂房垂直运输（砖混）	m^2	64.47	724.00	3.68	237.25	0.00	0.00	6.44	415.19	1.11	71.56					
合计					7 858.29		3 838.83		2 947.20		570.68		501.58					

表 2.7　总价措施项目计价表

工程名称:新建××厂房配套卫浴间　　　　　　　　　　　　　第 1 页 共 1 页

序号	项目名称	计算基础	费率（%）	金额（元）	调整费率（%）	调整后金额（元）	备注
1	安全文明施工			8 384.46			
1.1	环境保护	分部分项清单项目定额人工费+单价措施项目定额人工费	0.40	157.01			
1.2	文明施工	分部分项清单项目定额人工费+单价措施项目定额人工费	4.96	1 946.95			
1.3	安全施工	分部分项清单项目定额人工费+单价措施项目定额人工费	9.18	3 603.44			
1.4	临时设施	分部分项清单项目定额人工费+单价措施项目定额人工费	6.82	2 677.06			
3	非夜间施工照明						
4	二次搬运						
5	冬雨季施工		0.58	227.67			
6	地上、地下设施、建筑物的临时保护设施						
7	已完工程及设备保护						
8	工程定位复测费						
合　计				8 612.13			

该厂房配套卫浴间建筑面积为 64.47 m^2,建筑层数 1 层,砖混结构形式。工程规模不大,施工条件较好,考虑工期因素,总价措施项目费除计算安全文明施工费外,还应计算冬雨季施工费,其他总价措施项目费暂不考虑。

$$\text{各总价措施项目费的计算基础} = \text{分部分项清单项目定额人工费} + \text{单价措施项目清单定额人工费}$$

$$= 35\ 414.28 + 3\ 838.83 = 39\ 253.11(\text{元})$$

任务3　计算工程造价

【实训目标】

通过该实训项目，学生应达到以下要求：

①能计算其他项目费；

②能计算规费；

③能计算税金；

④能汇总工程造价。

步骤1　计算其他项目费

1）实训目的

通过本次实训任务，学生应能达成以下能力目标：

①清楚其他项目费的构成内容；

②具备编制其他项目费计价汇总表及其相关表格的基本能力。

2）实训内容

针对实训案例，编制其他项目费计价汇总表及其相关表格。

3）实训步骤与指导

其他项目费主要包含暂列金额、暂估价、计日工和总承包服务费。

（1）暂列金额

暂列金额是业主在招标文件中明确规定了数额的一笔资金，标明用于工程施工，或供应货物与材料，或提供服务，或应付意外情况。此金额在施工过程中会根据实际情况有所变化。暂列金额由招标人支配，实际发生后才得以支付。暂列金额由招标人根据工程特点，按有关计价规定进行估算确定，一般以分部分项工程费的10%～15%作为参考。

（2）暂估价

暂估价是指用于支付必然要发生但暂时不能确定价格的材料、工程设备的单价以及专业工程的金额。

（3）计日工

计日工是计算现场发生的零星项目或工作产生的费用的一种计价方式。编制人通过对零星项目或工作发生的人工工日、材料数量、机械台班的消耗量进行预估，给出一个暂定数量的计日工表格。

（4）总承包服务费

总承包服务费由建设单位在招标控制价中根据总包服务范围和有关计价规定编制，施工企业投标时自主报价，施工过程中按签约合同价执行。

其他项目费的各项内容是否计算，应根据工程实际情况确定。

4）实训成果

本实训案例的其他项目费计价时，仅考虑暂列金额（暂列金额的计费基础为分部分项工程费，相应费率为 10%）一项，其余费用暂不作考虑。其他项目费计价汇总表见表 2.8，暂列金额明细表见分表 2.8.1，计日工表见分表 2.8.2，总承包服务费计价表见分表 2.8.3。

表 2.8　其他项目费计价汇总表

工程名称：新建××厂房配套卫浴间　　　　第 1 页 共 1 页

序号	项目名称	金额（元）	结算金额（元）	备注
1	暂列金额	12 327.13		明细详见分表2.8.1
2	暂估价			
2.1	材料（工程设备）暂估价			
2.2	专业工程暂估价			
3	计日工	1 033.12		明细详见分表2.8.2
4	总承包服务费	125.00		明细详见分表2.8.3
合　计		13 485.25		—

分表 2.8.1　暂列金额明细表

工程名称：新建××厂房配套卫浴间　　　　第 1 页 共 1 页

序号	项目名称	计量单位	暂定金额（元）	备注
1	暂列金额	项	12 327.13	
合　计			12 327.13	

分表 2.8.2　计日工表

工程名称：新建××厂房配套卫浴间　　　　第 1 页 共 1 页

编号	项目名称	单位	暂定数量	实际数量	单价（元）	合价（元）	
						暂定	实际
一	人工						
1	普工	工日	3		103.00	309.00	
2	技工	工日	3		139.00	417.00	
人工小计						726.00	
二	材料						

续表

编号	项目名称	单位	暂定数量	实际数量	单价(元)	合价(元)	
						暂定	实际
1	钢筋	t	0.05		4 200.00	210.00	
2	水泥 42.5	t	0.20		335	67.00	
材料小计						277.00	
三	施工机械						
1	灰浆搅拌机	台班	1		30.12	30.12	
施工机械小计						30.12	
四	企业管理费和利润					—	
总 计						1 033.12	

说明:计日工项目和数量应按其他项目清单列出的项目和数量,计日工中的人工单价和施工机械台班单价应按工程造价管理机构公布的单价计算。计日工人工单价=工程造价管理机构发布的工程所在地相应工种计日工人工单价+相应工种定额人工单价×25%。

分表 2.8.3　总承包服务费计价表

工程名称:新建××厂房配套卫浴间　　　　第 1 页 共 1 页

序号	项目名称	项目价值(元)	服务内容	计算基础	费率(%)	金额(元)
1	发包人提供材料(彩色釉面砖)	12 500.00	对发包人自行供应的材料进行保管	材料价值	1.0	125.00
合 计						125.00

说明:本工程根据招标文件,招标人要求总包人对其发包的专业工程既进行总承包管理和协调,又要求提供相应配合服务时,总承包服务费根据招标文件列出的配合服务内容,按发包的专业工程估算造价的 4.5%计算。总包人对招标人自行供应的部分材料进行保管,按相关部分材料价值的 1.0%计算。

步骤 2　计算规费及税金

1)实训目的

通过本次实训任务,学生应能达成以下能力目标:

①能依据建筑工程定额和取费文件的规定计算规费;

②能依据建筑工程定额和税金文件的规定计算税金。

2)实训内容

针对实训案例,计算规费及税金。

3) 实训步骤与指导

规费和税金必须按国家或省级、行业建设主管部门的规定计算。建设单位和施工企业均应按照工程所在地的省或自治区或直辖市的行业建设主管部门发布的标准计算规费和税金，不得作为竞争性费用。

(1) 规费

规费是指按国家法律、法规规定，由省级政府和省级有关权力部门规定必须缴纳或计取的费用。规费的构成如图 2.1 所示。

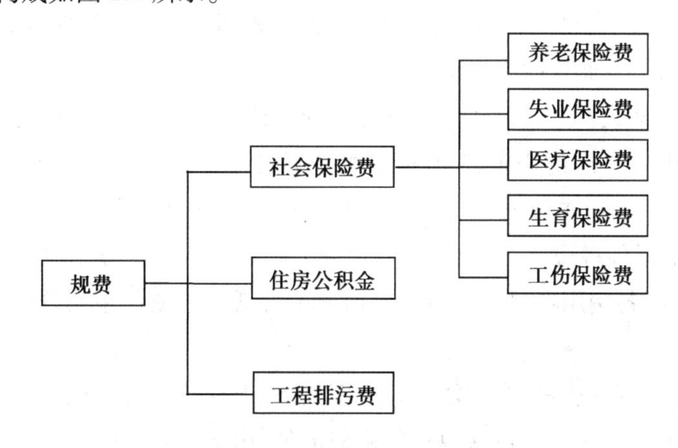

图 2.1　规费的构成

社会保险费 =(分部分项定额人工费 + 单价措施项目定额人工费) × 规定费率

住房公积金 =(分部分项定额人工费 + 单价措施项目定额人工费) × 规定费率

工程排污费 = 按工程所在地环保部门的规定计算

某地区规费费率标准见表 2.9。

表 2.9　某地区规费费率标准

规费	费率	规费	费率
养老保险费	3.80% ~ 7.50%	工伤保险费	0.40% ~ 0.70%
失业保险费	0.30% ~ 0.60%	生育保险费	0.10% ~ 0.20%
医疗保险费	1.80% ~ 2.70%	住房公积金	1.30% ~ 3.30%

(2) 税金

在《住房城乡建设部 财政部关于印发〈建筑安装工程费用项目组成〉的通知》(建标〔2013〕44 号) 中规定，税金是指国家税法规定的应计入建筑安装工程造价内的营业税、城市维护建设税、教育费附加以及地方教育附加。

在《四川省住房和城乡建设厅关于印发〈建筑业营业税改征增值税四川省建设工程计价依据调整办法〉的通知》(川建造价发〔2016〕349 号) 中规定，税金是指国家税法规定应计入建筑安装工程造价内的增值税销项税额。2015年《四川省建设工程工程量清单计价定额》综合费中的企业管理费增加城市维护建设税、教育费附加以及地方教育附加。

2011年11月16日，经国务院同意，财政部、国家税务总局印发了《营业税改征增值税试点方案》（财税〔2011〕110号），规定在交通运输业、部分现代服务业等生产性服务业开展试点，逐步推广至其他行业。建筑业也纳入了营改增方案试点行业范围。

2016年3月23日，财政部、国家税务总局正式发布《关于全面推开营业税改征增值税试点的通知》（财税〔2016〕36号），规定自2016年5月1日起，在全国范围内全面推开营业税改征增值税（以下称营改增）试点，建筑业、房地产业、金融业、生活服务业等全部营业税纳税人纳入试点范围，由缴纳营业税改为缴纳增值税。

根据《住房城乡建设部办公厅关于做好建筑业营改增建设工程计价依据调整准备工作的通知》（建办标〔2016〕4号）的规定，工程造价可按下式计算：

$$工程造价 = 税前工程造价 \times (1 + 11\%)$$

其中：11%为建筑业增值税税率；税前工程造价为人工费、材料费、施工机具使用费、企业管理费、利润和规费之和，各费用项目均以不包含增值税可抵扣进项税额的价格计算，相应计价依据按相关办法调整。

其具体的税金计算方法是：在增值税计税模式下，工程造价的构成不变，只是计税方法改变，计算销项税额的基础为不含进项税额的税前造价，用下式表示：

工程造价=人工费+材料费（除税）+机械费（除税）+企业管理费（除税）+利润+规费+应纳销项税+应纳附加税（注：人工费、利润、规费不需要除税）

工程造价=税前工程造价+应纳销项税+应纳附加税

其中：

税前工程造价= 不含进项税额的税前造价

= 人工费 + 材料费（除税） + 机械费（除税） + 企业管理费（除税） + 利润 + 规费

应纳销项税 = 税前工程造价 × 11%

应纳附加税 =应纳项税×附加税率（在增值税下对应纳附加税的计算比较复杂，现在的处理方式是放入企业管理费中）

故：

工程造价 = 税前工程造价 + 应纳销项税

= 税前工程造价 × (1 + 11%)

目前我国各省（自治区、直辖市）的计价定额的基价受营业税计价模式的影响，其中的人工费、材料费、机械费、管理费和利润等费用都是含税价，故需要对材料费、机械费、企业管理费进行除税。但由于各省（自治区、直辖市）的计价定额的水平不同，目前的具体操作方法是各省（自治区、直辖市）颁布针对本地区工程造价计价依据的调整办法，以满足营改增工作的要求。

如《四川省住房和城乡建设厅关于印发〈建筑业营业税改征增值税四川省建设工程计价依据调整办法〉调整的通知》(川建造价发〔2018〕392号)规定,建筑业营业税改征增值税调整办法如下:

在保持现行计价定额、造价信息等计价依据基本不变的前提下,按照"价税分离"原则对2015年《四川省建设工程工程量清单计价定额》及工程造价信息进行局部调整。

销项增值税按税率10%计算,销项税额=税前工程造价×销项增值税税率(10%)。

未调整部分仍按《四川省住房和城乡建设厅关于印发〈建筑业营业税改征增值税四川省建设工程计价依据调整办法〉的通知》(川建造价发〔2016〕349号)执行。

4)实训成果

本实训案例按照2015年《四川省建设工程工程量清单计价定额》(爆破工程 建筑安装工程费用 附录)分册中费用计算细则,计取规费和税金,相关的计取依据和费率标准见表2.10。

根据川建造价发〔2016〕349号和川建造价发〔2018〕392号的相关规定,将表2.4和表2.6进行调整,调整后的分部分项工程费计算及工料分析详见表2.11,调整后的单价措施项目费计算及工料分析详见表2.12。规费、税金计算见表2.13。

根据《财政部 税务总局关于统一增值税小规模纳税人标准的通知》(财税〔2018〕33号),增值税小规模纳税人标准为年应征增值税销售额500万元及以下。本企业应征增值税销售额在500万元以上,超过财税〔2018〕33号规定的小规模纳税人标准,因此为一般纳税人,采用一般计税法计算增值税税金。增值税税金=(分部分项工程费+措施项目工程费+其他项目费+规费)×10%。

表2.10 规费、税金计取依据和费率标准

项目名称	细目	计算基础	费率或税率
规费	养老保险费	分部分项清单项目定额人工费+单价措施项目定额人工费	3.80%~7.50%
	失业保险费	分部分项清单项目定额人工费+单价措施项目定额人工费	0.30%~0.60%
	医疗保险费	分部分项清单项目定额人工费+单价措施项目定额人工费	1.80%~2.70%
	工伤保险费	分部分项清单项目定额人工费+单价措施项目定额人工费	0.40%~0.70%
	生育保险费	分部分项清单项目定额人工费+单价措施项目定额人工费	0.10%~0.20%
住房公积金		分部分项清单项目定额人工费+单价措施项目定额人工费	1.30%~3.30%
工程排污费		按工程所在地环保部门规定按实计算	
税金		分部分项工程费+措施项目费+其他项目费+规费	具体应按最新"营改增"相关文件的规定执行

表 2.11 调整后的分部分项工程费计算及工料分析表

工程名称：新建××厂房配套卫浴间　　　　　　第　页共　页

序号	定额编号	项目名称	单位	工程量	合价	人工费		材料费		除税机械费		除税综合费		主要材料及燃料消耗量		
						单价	小计	单价	小计	单价	小计	单价	小计			
1	AA0001	平整场地	m^2	64.47	74.14	0.46	29.66	—	—	0.56	36.10	0.13	8.38	柴油（kg）		
														2.513		
2	AA0004	挖沟槽土方	m^3	88.86	1 451.97	13.86	1 231.60	—	—	0.78	69.31	1.70	151.06	柴油（kg）		
														5.513		
3	AA0081	基础回填（夯填）	m^3	64.86	529.91	5.58	361.92	0.00	0.00	1.73	112.21	0.86	55.78	水（m^3）		
														0.065		
4	AA0081	室内回填（夯填）	m^3	8.85	72.30	5.58	49.38	0.00	0.00	1.73	15.31	0.86	7.61	水（m^3）		
														0.009		
5	AA0087 换	机械装运土（运距＝5 000 m）	m^3	15.15	147.26	1.27	19.24	0.02	0.30	7.37	111.66	1.06	16.06	水（m^3）	柴油（kg）	汽油（kg）
														0.164	9.093	0.091
6	AD0002 换	M7.5 水泥砂浆（细砂）砌砖基础	m^3	14.07	5 222.50	103.14	1 451.18	250.38	3 522.85	0.74	10.41	16.92	238.06	水泥砂浆（细砂）M7.5（m^3）	标准砖（千匹）	水（m^3）
														3.349	7.373	1.610
7	AL0069 换	防潮层	m^2	13.53	182.52	5.90	79.83	6.34	85.78	0.06	0.81	1.19	16.10	水泥砂浆（中砂）1∶2（m^3）	水（m^3）	
														0.273	0.163	

8	AD0020换	M5混合砂浆（特细砂）砌实心砖墙	m^3	37.55	15 102.23	131.53	4 938.95	248.44	9 328.92	0.69	25.91	21.53	808.45	混合砂浆（特细砂）M5（m^3）	标准砖（千匹）	水（m^3）
														8.411	19.939	4.551
9	AD0020换	M5混合砂浆（特细砂）砌女儿墙	m^3	2.87	1 154.28	131.53	377.49	248.44	713.02	0.69	1.98	21.53	61.79	混合砂浆（特细砂）M5（m^3）	标准砖（千匹）	水（m^3）
														0.643	1.524	0.348
10	AE0017	C20商品混凝土基础垫层	m^3	8.23	2 993.66	22.31	183.61	334.14	2 749.97	0.94	7.74	6.36	52.34	商品混凝土C20（m^3）	水（m^3）	
														8.312	1.975	
11	AE0016	C15商品混凝土浴室排水沟垫层	m^3	0.52	183.90	22.31	11.60	324.04	168.50	0.94	0.49	6.36	3.31	商品混凝土C15（m^3）	水（m^3）	
														0.525	0.125	
12	AE0094换	C25商品混凝土构造柱	m^3	4.92	1 900.06	32.76	161.18	342.55	1 685.35	1.49	7.33	9.39	46.20	商品混凝土C25（m^3）	水（m^3）	
														4.945	1.884	
13	AE0112	C25商品混凝土矩形梁	m^3	0.20	75.82	26.69	5.34	343.16	68.63	1.49	0.30	7.73	1.55	商品混凝土C25（m^3）	水（m^3）	
														0.201	0.060	

续表

序号	定额编号	项目名称	单位	工程量	合价	人工费		材料费		除税机械费		除税综合费		主要材料及燃料消耗量		
						单价	小计	单价	小计	单价	小计	单价	小计			
14	AE0112	C25 商品混凝土地圈梁	m^3	2.45	928.72	26.69	65.39	343.16	840.74	1.49	3.65	7.73	18.94	商品混凝土 C25（m^3）	水（m^3）	
														2.462	0.737	
15	AE0112	C25 商品混凝土圈梁	m^3	2.45	928.72	26.69	65.39	343.16	840.74	1.49	3.65	7.73	18.94	商品混凝土 C25（m^3）	水（m^3）	
														2.462	0.737	
16	AE0144	C20 现浇混凝土过梁	m^3	0.35	104.76	76.67	26.83	194.00	67.90	5.30	1.86	23.35	8.17	商品混凝土 C20（m^3）	水（m^3）	
														0.354	0.380	
17	AE0232	C25 商品混凝土无梁板	m^3	4.72	1 794.69	26.81	126.54	343.98	1 623.59	1.64	7.74	7.80	36.82	商品混凝土 C25（m^3）	水（m^3）	
														4.744	2.506	
18	AE0318 换	C25 现浇混凝土浴室排水明沟（中砂）	m^3	2.76	840.82	61.35	169.33	214.89	593.10	8.43	23.27	19.97	55.12	混凝土（中砂）C25（m^3）	水（m^3）	塑料箅子（m）
														2.788	3.386	2.788

19	AE0322换	C15现浇混凝土压顶（中砂）	m^3	0.65	210.69	93.58	60.83	196.16	127.50	6.03	3.92	28.37	18.44	混凝土（中砂）C15（m^3）	水（m^3）	
														0.657	0.896	
20	AE0336	C25现浇混凝土止水带（中砂）	m^3	2.04	778.54	94.32	192.41	252.71	515.53	6.03	12.30	28.58	58.30	商品混凝土C25（m^3）	水（m^3）	
														2.060	3.291	
21	AQ0083	成品雨篷	m^2	4.50	5 149.31	99.23	446.54	981.02	4 414.59	24.48	110.16	39.56	178.02	夹胶玻璃（m^2）	不锈钢管（t）	四爪挂件（套）
														4.725	0.049	3.015
														二爪挂件（套）	成套挂件（套）	钢丝绳ϕ15.5（m）
														2.010	0.773	3.245
														钍钨极棒（g）	铁件（kg）	电焊条（kg）
														5.260	17.509	0.089
22	AH0045换	铝合金门M0921	m^2	7.56	1 481.54	28.93	218.71	157.30	1 189.19	1.42	10.74	8.32	62.90	铝合金门M0921（m^2）	膨胀螺栓M8×75（套）	镀锌螺钉带垫（个）
														7.190	43.546	43.546
23	AH0143	塑钢推拉窗C1215	m^2	7.20	1 454.76	27.20	195.84	165.25	1 189.80	1.68	12.10	7.92	57.02	塑钢平开窗（m^2）	膨胀螺栓M8×80（套）	
														6.868	29.664	

续表

序号	定额编号	项目名称	单位	工程量	合价	人工费		材料费		除税机械费		除税综合费		主要材料及燃料消耗量		
						单价	小计	单价	小计	单价	小计	单价	小计			
24	AJ0022 换	弹性体(SBS)改性沥青屋面卷材防水	m^2	66.55	2 379.16	6.24	415.27	28.20	1 876.71	—	—	1.31	87.18	弹性体改性沥青防水卷材聚酯胎，Ⅰ型 4 mm(m^2)	改性沥青嵌缝油膏(kg)	冷底子油 30:70(kg)
														75.202	7.121	38.013
25	AL0065	水泥砂浆(中砂)楼地面找平层(厚度 20 mm)	m^2	55.00	871.75	6.53	359.15	7.93	436.15	0.07	3.85	1.32	72.60	水泥砂浆中砂 1:2(m^3)	水(m^3)	
														1.392	0.417	
26	AJ0106	塑料山墙出水口(带水斗)ϕ160	个	1	91.59	25.23	25.23	61.06	61.06	—	—	5.30	5.30	塑料山墙出水口(套)	塑料弯管(个)	塑料水斗(个)
														1.010	1.010	1.010
														排水管连接件 160×50(个)		
														1.010		
27	AJ0093	塑料水落管ϕ160	m	7.80	226.91	5.02	39.16	23.02	179.56	—	—	1.05	8.19	塑料硬管ϕ160(m)	塑料弯管(m)	塑料膨胀螺栓(套)
														8.073	0.491	10.920
														铁卡箍(kg)	PVC 聚氯乙烯黏合剂(kg)	
														1.950	0.273	

28	AJ0092换	塑料溢流管 $\phi50$	m	1	20.47	5.02	5.02	14.40	14.40	—	—	1.05	1.05	塑料硬管 $\phi50$(m)	塑料弯管(m)	塑料膨胀螺栓(套)
														1.035	0.063	1.400
														铁卡箍(kg)	PVC聚氯乙烯黏合剂(kg)	
														0.200	0.025	
29	AK0015	水泥焦渣保温隔热屋面	m^2	55.00	14 287.35	86.55	4 760.25	155.04	8 527.20	—	—	18.18	999.90	水泥焦渣混凝土1:6(m^3)	水(m^3)	
														67.771	16.665	
30	AL0070	水泥砂浆(中砂)楼地面找平层(厚度20 mm)	m^2	55.00	679.80	5.90	324.50	5.21	286.55	0.06	3.30	1.19	65.45	水泥砂浆中砂1:3(m^3)	水(m^3)	
														1.111	0.663	
31	AE0007	C10混凝土楼地面垫层(中砂)	m^2	5.09	1 148.10	46.65	237.45	161.32	821.12	3.34	17.00	14.25	72.53	混凝土(中砂)C10(m^3)	水(m^3)	
														5.166	3.832	
32	AJ0042	屋面涂膜防水(水乳型橡胶沥青涂料)	m	72.50	1 041.11	5.91	428.48	7.21	522.73	—	—	1.24	89.90	水乳型橡胶沥青涂料(kg)	玻纤布(m^2)	
														76.451	77.140	

续表

序号	定额编号	项目名称	单位	工程量	合价	人工费		材料费		除税机械费		除税综合费		主要材料及燃料消耗量		
						单价	小计	单价	小计	单价	小计	单价	小计			
33	AL0114 换	地砖楼地面（≤300 mm×300 mm）	m^2	51.74	3 871.19	26.78	1 385.60	39.33	2 034.93	0.20	10.35	8.51	440.31	防滑彩釉地砖（m^2）	水泥砂浆（中砂）1∶2（m^3）	白水泥（kg）
														53.034	0.786	7.761
														水（m^3）		
														0.236		
34	AM0103	内墙立面水泥砂浆（特细砂）找平层（厚度 13 mm）	m^2	214.83	2 468.40	6.61	1 420.03	3.50	751.91	0.05	10.74	1.33	285.72	水泥砂浆（特细砂）1∶3（m^3）	水（m^3）	
														3.094	2.217	
35	AM0285 换	内墙砂浆粘贴面砖（≤600 mm×600 mm）	m^2	214.83	20 632.28	30.31	6 511.50	55.47	11 916.62	0.53	113.86	9.73	2 090.30	6 厚彩色釉面砖（m^2）	水泥砂浆（中砂）1∶2（m^3）	水泥砂浆（中砂）1∶3（m^3）
														223.423	1.096	1.439
														白水泥（kg）	水（m^3）	
														32.225	0.760	
36	AN0122 换	铝合金扣板天棚吊顶（条形）	m^2	50.88	2 640.16	7.65	389.23	41.84	2 128.82	—	—	2.40	122.11	铝合金条板（m^2）	锯材 综合（m^3）	
														51.898	0.010	

37	AN0074	铝合金格片式龙骨(间距150 mm)	m^2	50.88	1 770.62	6.28	319.53	26.55	1 350.86	—	—	1.97	100.23	铝合金格式龙骨(m^3)	加工铁件(kg)	预埋铁件(kg)
														51.898	0.102	10.176
38	AM0100	外墙立面水泥砂浆(中砂)找平层(厚度13 mm 1∶3)	m^2	159.21	1 864.35	6.61	1 052.38	3.72	592.26	0.05	7.96	1.33	211.75	水泥砂浆(中砂)1∶2(m^3)	水(m^3)	
														2.293	1.643	
39	AP0306	外墙及天棚抹灰面(氟碳漆成活)	m^2	159.21	12 192.30	39.07	6 220.33	25.20	4 012.09	—	—	12.31	1 959.88	金属氟碳漆(kg)		
														44.579		
40	AM0098	外墙立面水泥砂浆(中砂)找平层(厚度13 mm 1∶2)	m^2	159.21	1 991.72	6.61	1 052.38	4.52	719.63	0.05	7.96	1.33	211.75	水泥砂浆(中砂)1∶2(m^3)	水(m^3)	
														2.293	1.643	
合　计				110 940.36		35 414.28		65 958.60		763.97		8 803.51				

表 2.12　调整后的单价措施项目费计算及工料分析表

工程名称:新建××厂房配套卫浴间　　　　　　　　　　　　　　　　　　　第　页共　页

序号	定额编号	项目名称	单位	工程量	合价	人工费		材料费		除税机械费		除税综合费		主要材料及燃料消耗量				
						单价	小计	单价	小计	单价	小计	单价	小计					
1	AS0001	综合脚手架	m^2	64.47	566.05	5.39	347.49	2.47	159.24	0.27	17.41	0.65	41.91	脚手架钢材(kg)	锯材综合(m^3)	柴油(kg)		
														15.950	0.028	1.629		
2	AS0044	构造柱复合模板	m^2	31.30	1 231.34	18.10	566.53	18.07	565.59	0.87	27.23	2.30	71.99	摊销卡具和支撑钢材(kg)	复合模板(m^2)	二等锯材(m^3)	汽油(kg)	柴油(kg)
														14.237	7.723	0.203	0.693	1.540
3	AS0050	矩形梁复合模板	m^2	1.69	69.61	19.83	33.51	17.87	30.20	0.97	1.64	2.52	4.26	摊销卡具和支撑钢材(kg)	复合模板(m^2)	二等锯材(m^3)	对拉螺栓(kg)	对拉螺栓塑料管(m)
														1.163	0.417	0.008	0.250	2.028
														汽油(kg)	柴油(kg)			
														1.037	4.761			

4	AS0054	地圈梁复合模板	m^2	20.39	674.09	17.11	348.87	12.96	264.25	0.82	16.72	2.17	44.25	摊销卡具和支撑钢材(kg)	复合模板(m^2)	二等锯材(m^3)	汽油(kg)	柴油(kg)
														1.673	5.031	0.101	0.380	1.017
5	AS0054	圈梁复合模板	m^2	20.39	674.09	17.11	348.87	12.96	264.25	0.82	16.72	2.17	44.25	摊销卡具和支撑钢材(kg)	复合模板(m^2)	二等锯材(m^3)	汽油(kg)	柴油(kg)
														1.673	5.031	0.101	0.380	1.017
6	AS0056	过梁复合模板	m^2	2.92	103.67	17.06	49.82	15.65	45.70	0.65	1.90	2.14	6.25	摊销卡具和支撑钢材(kg)	复合模板(m^2)	二等锯材(m^3)	汽油(kg)	柴油(kg)
														2.009	0.721	0.014	0.044	0.103
7	AS0069	无梁板复合模板	m^2	50.88	1 900.37	17.25	877.68	17.16	873.10	0.76	38.67	2.18	110.92	摊销卡具和支撑钢材(kg)	复合模板(m^2)	二等锯材(m^3)	汽油(kg)	柴油(kg)
														17.506	12.555	0.391	0.439	2.689

续表

序号	定额编号	项目名称	单位	工程量	合价	人工费		材料费		除税机械费		除税综合费		主要材料及燃料消耗量				
						单价	小计	单价	小计	单价	小计	单价	小计					
8	AS0026	基础垫层复合模板	m^2	27.43	646.25	10.56	289.66	11.48	314.90	0.22	6.03	1.30	35.66	二等锯材（m^3）	复合模板（m^2）	柴油（kg）		
														0.128	6.768	0.547		
9	AS0026	排水沟垫层复合模板	m^2	1.67	39.35	10.56	17.64	11.48	19.17	0.22	0.37	1.30	2.17	二等锯材（m^3）	复合模板（m^2）	柴油（kg）		
														0.008	4.121	0.033		
10	AS0095	混凝土压顶复合模板	m^2	4.34	252.07	33.81	146.74	19.25	83.55	0.83	3.60	4.19	18.18	复合模板（m^2）	二等锯材（m^3）	汽油（kg）	柴油（kg）	
														1.329	0.042	0.063	0.141	
11	AS0095	止水带复合模板	m^2	17.00	987.36	33.81	574.77	19.25	327.25	0.83	14.11	4.19	71.23	复合模板（m^2）	二等锯材（m^3）	汽油（kg）	柴油（kg）	
														5.207	0.164	0.246	0.554	
12	AS0119	单层厂房垂直运输（砖混）	m^2	64.47	698.21	3.68	237.25	0.00	0.00	5.98	385.53	1.17	75.43					
合计					7 842.46		3 838.83		2 947.20		529.93		526.50					

表 2.13　规费、税金项目计价表

工程名称:新建××厂房配套卫浴间　　　　第 1 页 共 1 页

序号	项目名称	计算基础	计算基数	计算费率(%)	金额(元)
1	规费				5 887.96
1.1	社会保险费		39 253.11		4 592.61
(1)	养老保险费	分部分项清单项目定额人工费+单价措施项目定额人工费	39 253.11	7.5	2 943.98
(2)	失业保险费	分部分项清单项目定额人工费+单价措施项目定额人工费	39 253.11	0.6	235.52
(3)	医疗保险费	分部分项清单项目定额人工费+单价措施项目定额人工费	39 253.11	2.7	1 059.83
(4)	工伤保险费	分部分项清单项目定额人工费+单价措施项目定额人工费	39 253.11	0.7	274.77
(5)	生育保险费	分部分项清单项目定额人工费+单价措施项目定额人工费	39 253.11	0.2	78.51
1.2	住房公积金	分部分项清单项目定额人工费+单价措施项目定额人工费	39 253.11	3.3	1 295.35
1.3	工程排污费	按工程所在地环境保护部门收取标准按实计入			
2	税金	分部分工程费+措施项目费+其他项目费+规费	161 434.49	10	16 143.45

注:本表中规费计算费率均取参考值高限。

本实训案例的材料及燃料汇总见表 2.14,材料及燃料动力价差调整见表 2.15。

表 2.14　材料及燃料汇总表

工程名称:新建××厂房配套卫浴间　　　　第 1 页 共 1 页

序号	材料名称、型号、规格	单位	数量
(一)	分部分项工程		
A	材料		
1	水	m^3	50.961
2	水泥砂浆(细砂)M7.5	m^3	3.35
3	标准砖	千匹	28.836

续表

序号	材料名称、型号、规格	单位	数量
4	混合砂浆(特细砂)M5	m^3	9.054
5	商品混凝土 C20	m^3	8.312
6	商品混凝土 C25	m^3	12.331
7	商品混凝土 C15	m^3	0.525
8	混凝土(中砂)C20	m^3	3.445
9	塑料箅子	m	2.788
10	夹胶玻璃	m^2	4.725
11	不锈钢管	t	0.049
12	四爪挂件	套	3.01
13	二爪挂件	套	2.01
14	成套挂件	套	0.773
15	钢丝绳	m	3.245
16	钍钨极棒	g	5.26
17	铁件	kg	17.51
18	电焊条	kg	0.089
19	铝合金门 M0921	m^2	7.19
20	膨胀螺栓 M8×75	套	43.55
21	镀锌螺钉 带垫	个	43.55
22	塑钢平开窗	m^2	6.87
23	膨胀螺栓 M8×80	套	29.664
24	弹性体改性沥青防水卷材 聚酯胎,Ⅰ型 4 mm	m^2	75.20
25	改性沥青嵌缝油膏	kg	7.12
26	冷底子油 30∶70	kg	38.01
27	塑料山墙出水口	套	1.01
28	塑料弯管	个	1.01

续表

序号	材料名称、型号、规格	单位	数量
29	塑料水斗	个	1.01
30	排水管连接件 160 mm×50 mm	个	1.01
31	塑料硬管 ϕ160	m	8.07
32	塑料硬管 ϕ50	m	1.04
33	塑料弯管	m	0.55
34	塑料膨胀螺栓	套	12.32
35	铁卡箍	kg	0.20
36	PVC 聚氯乙烯黏合剂	kg	0.298
37	水泥焦渣混凝土 1∶6	m^3	67.771
38	水泥砂浆中砂 1∶3	m^3	1.1
39	混凝土(中砂)C10	m^3	5.17
40	水乳型橡胶沥青涂料	kg	76.45
41	玻纤布水	m^2	77.14
42	防滑彩釉地砖	m^2	53.03
43	白水泥	kg	39.99
44	水泥砂浆(特细砂)1∶3	m^3	3.1
45	6 mm 厚彩色釉面砖	m^2	223.42
46	铝合金条板	m^2	51.90
47	锯材 综合	m^3	0.01
48	铝合金格式龙骨	m^3	51.90
49	加工铁件	kg	0.102
50	预埋铁件	kg	10.18
51	金属氟碳漆	kg	44.58
B	燃料		
1	柴油	kg	17.119

续表

序号	材料名称、型号、规格	单位	数量
2	汽油	kg	0.09
(二)	措施项目		
A	材料		
1	脚手架钢材	kg	15.95
2	锯材 综合	m^3	0.03
3	摊销卡具和支撑钢材	kg	38.26
4	复合模板	m^2	48.90
5	二等锯材	m^3	1.16
6	对拉螺栓	kg	0.25
7	对拉螺栓塑料管	m	2.03
B	燃料		
1	柴油	kg	14.04
2	汽油	kg	3.28

表 2.15　材料及燃料动力价差调整表

工程名称:新建××厂房配套卫浴间　　　　第 1 页 共 1 页

序号	材料名称、型号、规格	单位	数量	定额价(元)	市场价(元)	差价(元)	总差价(元)
(一)	分部分项工程						
A	材料						2 141.66
1	水	m^3	50.961	2.00	3.15	1.15	58.61
2	水泥砂浆(细砂)M7.5	m^3	3.35	170.40	285.90	115.50	386.93
3	标准砖	千匹	28.836	400.00	400.00	0.00	0.00
4	混合砂浆(特细砂)M5	m^3	9.054	157.90	285.12	127.22	1 151.85
5	商品混凝土 C20	m^3	8.312	330.00	430.00	100.00	831.20
6	商品混凝土 C25	m^3	12.331	340.00	440.00	100.00	1 233.10
7	商品混凝土 C15	m^3	0.525	320.00	420.00	100.00	52.50
8	混凝土(中砂)C20	m^3	3.445	225.30	333.90	108.60	374.13

续表

序号	材料名称、型号、规格	单位	数量	定额价(元)	市场价(元)	差价(元)	总差价(元)
9	塑料箅子	m	2.788	1.50	5.00	3.50	9.76
10	夹胶玻璃	m^2	4.725	130.00	130.00	0.00	0.00
11	不锈钢管	t	0.049	32 000.00	32 000.00	0.00	0.00
12	四爪挂件	套	3.01	400.00	400.00	0.00	0.00
13	二爪挂件	套	2.01	300.00	300.00	0.00	0.00
14	成套挂件	套	0.773	300.00	300.00	0.00	0.00
15	钢丝绳	m	3.245	5.00	5.00	0.00	0.00
16	钍钨极棒	g	5.26	0.46	0.46	0.00	0.00
17	铁件	kg	17.51	4.50	4.50	0.00	0.00
18	电焊条	kg	0.089	5.00	5.00	0.00	0.00
19	铝合金门 M0921	m^2	7.19	160.00	160.00	0.00	0.00
20	膨胀螺栓 M8×75	套	43.55	0.55	0.55	0.00	0.00
21	镀锌螺钉 带垫	个	43.55	0.05	0.05	0.00	0.00
22	塑钢平开窗	m^2	6.87	170.00	170.00	0.00	0.00
23	膨胀螺栓 M8×80	套	29.664	0.55	0.55	0.00	0.00
24	弹性体改性沥青防水卷材 聚酯胎 I 型 4 mm	m^2	75.2	20.00	24.00	4.00	300.80
25	改性沥青嵌缝油膏	kg	7.12	1.50	2.50	1.00	7.12
26	冷底子油 30∶70	kg	38.01	8.27	7.22	−1.05	−39.91
27	塑料山墙出水口	套	1.01	20.00	26.00	6.00	6.06
28	塑料弯管	个	1.01			0.00	0.00
29	塑料水斗	个	1.01	21.00	25.00	4.00	4.04
30	排水管连接件 160 mm×50 mm	个	1.01	10.00	10.00	0.00	0.00
31	塑料硬管 ϕ160	m	8.07	20.00	28.00	8.00	64.56
32	塑料硬管 ϕ50	m	1.04	12.00	12.00	0.00	0.00
33	塑料弯管	m	0.55	9.00	9.00	0.00	0.00
34	塑料膨胀螺栓	套	12.32	0.05	0.05	0.00	0.00

续表

序号	材料名称、型号、规格	单位	数量	定额价(元)	市场价(元)	差价(元)	总差价(元)
35	铁卡箍	kg	0.2	6.00	6.00	0.00	0.00
36	PVC 聚氯乙烯黏合剂	kg	0.298	1.20	1.20	0.00	0.00
37	水泥焦渣混凝土 1∶6	m^3	67.771	45.00	45.00	0.00	0.00
38	水泥砂浆(中砂) 1∶3	m^3	1.1	256.60	353.85	97.25	106.98
39	混凝土(中砂) C10	m^3	5.17	157.50	290.17	132.67	685.90
40	水乳型橡胶沥青涂料	kg	76.45	5.60	5.60	0.00	0.00
41	玻纤布	m^2	77.14	1.20	1.20	0.00	0.00
42	防滑彩釉地砖	m^2	53.03	33.00	33.00	0.00	0.00
43	白水泥	kg	39.99	0.50	0.55	0.05	2.00
44	水泥砂浆(特细砂)1∶3	m^3	3.1	241.70	360.45	118.75	368.13
45	6 mm 厚彩色釉面砖	m^2	223.42	50.00	50.00	0.00	0.00
46	铝合金条板	m^2	51.9	40.00	40.00	0.00	0.00
47	锯材 综合	m^3	0.01	1 200.00	2 200.00	1 000.00	10.00
48	铝合金格式龙骨	m^3	51.9	25.00	25.00	0.00	0.00
49	加工铁件	kg	0.102	5.00	5.50	0.50	0.05
50	预埋铁件	kg	10.18	5.00	5.50	0.50	5.09
51	金属氟碳漆	kg	44.58	90.00	12.00	-78.00	-3 477.24
B	燃料						-28.32
1	柴油	kg	17.119	8.50	6.85	-1.65	-28.25
2	汽油	kg	0.09	9.00	8.24	-0.76	-0.07
合　计							2 113.34
(二)	措施项目						
A	材料						1 190.00
1	脚手架钢材	kg	15.95	4.50	4.50	0.00	0.00
2	锯材 综合	m^3	0.03	1 200.00	2 200.00	1 000.00	30.00
3	摊销卡具和支撑钢材	kg	38.26	4.50	4.50	0.00	0.00

续表

序号	材料名称、型号、规格	单位	数量	定额价(元)	市场价(元)	差价(元)	总差价(元)
4	复合模板	m^2	48.90	25.00	25.00	0.00	0.00
5	二等锯材	m^3	1.16	1 100.00	2 100.00	1 000.00	1 160.00
6	对拉螺栓	kg	0.25	6.50	6.50	0.00	0.00
7	对拉螺栓塑料管	m	2.03	1.00	1.00	0.00	0.00
B	燃料						−25.66
1	柴油	kg	14.04	8.50	6.85	−1.65	−23.17
2	汽油	kg	3.28	9.00	8.24	−0.76	−2.49
合　计							1 164.34

步骤3　汇总工程造价

1)实训目的

通过本次实训任务,学生应能达成以下能力目标:

①清楚汇总工程造价的基本流程;

②具备汇总工程造价的基本能力。

2)实训内容

针对实训案例,汇总工程造价。

3)实训步骤与指导

(1)分部分项工程费

$$分部分项工程费 = 定额分部分项工程费 + 分部分项工程费价差调整 + 按实计算的费用$$

其中:

$$定额分部分项工程费 = \sum(分部分项工程量 \times 定额基价)$$

$$分部分项工程费价差调整 = 人工费价差调整 + 材料费价差调整 + 机械费价差调整$$

$$人工费价差调整 = 分部分项工程定额人工费 \times 人工费调整系数$$

$$材料费价差调整 = \sum(现行材料单价 - 定额材料单价) \times 数量$$

$$机械费价差调整 = \sum(现行单价 - 定额单价) \times 数量$$

(2)措施项目费

$$措施项目费 = 单价措施项目费 + 总价措施项目费$$

其中:

$$单价措施项目费 = 定额单价措施项目费 + 单价措施项目费价差调整$$

单价措施项目费价差调整 = 人工费价差调整 + 材料费价差调整 + 机械费价差调整

人工费价差调整 = 措施项目定额人工费 × 人工费调整系数

材料费价差调整 = $\sum$(现行材料单价 - 定额材料单价) × 数量

机械费价差调整 = $\sum$(现行单价 - 定额单价) × 数量

总价措施项目费 = 安全文明施工费 + 夜间施工费 + 二次搬运费 + 冬雨季施工增加费 + 已完工程及设备保护费

(3)其他项目费

其他项目费 = 暂列金额 + 暂估价 + 计日工 + 总承包服务费

其中:

暂列金额 = 分部分项工程费 × 费率(费率一般取10%)

(4)规费

规费 = 工程排污费 + 社会保险费 + 住房公积金

其中:

社会保险费 = 养老保险费 + 失业保险费 + 医疗保险费 + 生育保险费 + 工伤保险费

(5)税金

税金 = (分部分项工程费 + 措施项目费 + 其他项目费 + 规费) × 适用税率

(6)工程造价

工程造价 = 分部分项工程费 + 措施项目费 + 其他项目费 + 规费 + 税金

4)实训成果

将前述分部分项工程费、措施项目费、其他项目费、规费和税金全部相加,即可得到单位工程的工程造价。本实训案例的工程造价汇总见表2.16。

表2.16 工程造价汇总表

工程名称:新建××厂房配套卫浴间 第 页共 页

序号	费用名称	计算公式	费率	计算式	金额(元)
1	分部分项工程费	1.1+1.2+1.3		110 940.36+12 383.48	123 323.84
1.1	定额分部分项工程费	$\sum$(分部分项工程量×定额基价)		详见"调整后的分部分项工程费计算及工料分析表"	110 940.36
1.2	分部分项工程费价差调整	1.2.1+1.2.2+1.2.3		10 270.14+2 141.66−28.32	12 383.48
1.2.1	人工费价差调整	分部分项工程定额人工费×人工费调整系数		35 414.28×29%	10 270.14
1.2.2	材料费价差调整	$\sum$(现行材料单价−定额材料单价)×数量		详见"材料及燃料动力价差调整表"	2 141.66

续表

序号	费用名称	计算公式	费率	计算式	金额(元)
1.2.3	机械费价差调整			详见“材料及燃料动力价差调整表”	-28.32
1.3	按实计算的费用				
2	措施项目费	2.1+2.2		10 120.06+8 612.13	18 732.19
2.1	单价措施项目费	2.1.1+2.1.2		7 842.46 +2 277.60	10 120.06
2.1.1	定额单价措施项目费			详见“调整后的单价措施项目费计算及工料分析表”	7 842.46
2.1.2	单价措施项目费价差调整	2.1.2.1+2.1.2.2+2.1.2.3		1 113.26+1 190.00-25.66	2 277.60
2.1.2.1	人工费价差调整	措施项目定额人工费×人工费调整系数		3 838.83×29%＝1 113.26	1 113.26
2.1.2.2	材料费价差调整	∑(现行材料单价-定额材料单价)×数量		详见“材料及燃料动力价差调整表”	1 190.00
2.1.2.3	机械费价差调整			详见“材料及燃料动力价差调整表”	-25.66
2.2	总价措施项目费			详见“总价措施项目费计价表”	8 612.13
3	其他项目费	3.1+3.2+3.3+3.4		12 332.38+1 033.12+125.00	13 490.50
3.1	暂列金额	分部分项工程费×10%		123 323.84×10%	12 332.38
3.2	暂估价				
3.3	计日工				1 033.12
3.4	总承包服务费				125.00
4	规费			详见“规费、税金项目计价表”	5 887.96
5	税金	(1+2+3+4)×10%	10%	(123 323.84+18 732.19+13 490.50+5 887.96)×10%	16 143.45
6	工程造价	1+2+3+4+5		123 323.84+18 732.19+13 490.50+5 887.96+16 143.45	177 577.94

任务4　装订施工图预算文件

【实训目标】

为形成完整的施工图预算文件，造价人员还应编制施工图预算总说明和填写施工图预算封面。最后再按一定的顺序进行整理和装订，形成最终成果。

通过该实训项目，学生应达成以下能力目标：

①能编制施工图预算总说明；

②能填写施工图预算封面；

③能对施工图预算进行整理和装订。

步骤1　编制总说明

1）实训目的

通过本次实训任务，学生应能达成以下能力目标：

具备编制施工图预算总说明的基本能力。

2）实训内容

针对实训案例，编制施工图预算总说明。

3）实训步骤与指导

编制总说明是施工图预算书的重要内容之一。它要求将预算编制依据和预算编制过程中遇到的某些问题及处理方法加以系统说明，以便于工程结算等工作的进行。预算编制总说明无统一格式，一般应包括以下内容：工程概况、预算总造价、施工图名称及编号；预算编制依据的计价定额或计价表的名称；预算编制依据的费用定额及材料价差调整的有关文件名称；是否已考虑设计变更；有哪些遗留项目或暂估项目；存在的问题及处理办法、意见。

下面对施工图预算的总说明作简要说明：

①工程概况。工程概况是指拟编制建筑工程的地理位置、建设规模、工程特征、计划工期、施工现场实际情况、自然地理条件、环境保护要求等。

②施工图预算编制依据。施工图预算的编制依据包括2015年《四川省建设工程工程量清单计价定额》、《建设工程工程量清单计价规范》（GB 50500—2013）、施工合同及施工图号、《四川省建设工程安全文明施工费计价管理办法》、《住房城乡建设部 财政部关于印发〈建筑安装工程费用项目组成〉的通知》（建标〔2013〕44号）及常规施工方案等。

③主要施工方案。施工方案作为指导工程施工的作业文件，内容应准确齐全，对所有的施工环节和技术要点都应进行详细说明。造价编制人员要充分利用施工方案的特点，使施工方案成为对工程造价编制的有力支撑，并为工程造价编制提供指导和支持。

④其他需要说明的事项。

4）实训成果

根据本实训案例的特点编制施工图预算总说明，见表2.17。

表2.17 施工图预算总说明

<table>
<tr><td rowspan="5">编制依据</td><td>施工图号</td><td>××××××</td></tr>
<tr><td>施工合同</td><td>××××××</td></tr>
<tr><td>依据的定额、规范及相关文件</td><td>《建筑安装工程费用项目组成》（建标〔2013〕44号）、2015年《四川省建设工程工程量清单计价定额》（房屋建筑与装饰工程分册）、《四川省住房和城乡建设厅关于印发〈建筑业营业税改征增值税四川省建设工程计价依据调整办法〉的通知》（川建造价发〔2016〕349号）、《四川省住房和城乡建设厅关于印发〈建筑业营业税改征增值税四川省建设工程计价依据调整办法〉调整的通知》（川建造价发〔2018〕392号）、《四川省建设工程安全文明施工计价管理办法》等</td></tr>
<tr><td>材料价格</td><td>四川省成都市工程造价信息2018年第1期</td></tr>
<tr><td>其他</td><td></td></tr>
<tr><td colspan="3">一、工程概况
该工程系××电气设备生产厂厂房配套卫浴间，建筑面积为64.47 m^2，建筑层数为1层，结构类型为砖混结构。建筑物主体结构合理使用年限不低于50年。建筑抗震设防烈度为7度。屋面防水等级为二级。建筑物耐火等级为二级。
本工程按施工图纸范围招标（包括土建及结构工程、装饰装修工程）。除铝合金门M0921和塑钢推拉窗C1215采用二次专业设计，委托相关材料供应单位供应安装外，其他工程项目均采用施工总承包。
二、需要说明的问题（图纸没有或不清楚的处理方式等）
1.该工程的人工费调整系数参照《四川省建设工程造价管理总站关于对成都市等20个市、州2015年〈四川省建设工程工程量清单计价定额〉人工费调整的批复》（川建价发〔2015〕40号）的规定，调整系数为24%；
2.工程量严格按照2015年《四川省建设工程工程量清单计价定额》的相关分部工程量计算规则计算；
3.本工程暂列金额按分部分项工程费的10%计取；
4.税金的计算按照《四川省住房和城乡建设厅关于印发〈建筑业营业税改征增值税四川省建设工程计价依据调整办法〉调整的通知》（川建造价发〔2018〕392号）和《四川省住房和城乡建设厅关于印发〈建筑业营业税改征增值税四川省建设工程计价依据调整办法〉的通知》（川建造价发〔2016〕349号）执行，采用一般计税法，税率按建筑行业增值税的计算税率10%计算。</td></tr>
</table>

步骤2　填写封面及装订

1)实训目的

通过本次实训任务,学生应能达成以下能力目标:

①能根据工程实际情况填写施工图预算书封面;

②能对施工图预算文件进行整理、复核和装订。

2)实训内容

①针对实训案例,填写施工图预算书封面;

②针对实训案例,对实训成果文件进行整理、复核和装订。

3)实训步骤与指导

(1)封面填写

完整的施工图预算封面应包括:施工图预算造价(大小写),招标人、工程造价咨询人(若招标人委托则有)的名称,招标人、工程造价咨询人(若招标人委托则有)的法定代表人或其授权人的签章,具体编制人和复核人的签章,编制和复核时间等。

(2)施工图预算复(审)核

①施工图预算复(审)核的内容。施工图预算复(审)核的重点是工程量计算是否准确,定额套用、各项取费标准是否符合现行规定或单价计算是否合理等方面。具体内容如下:

a.审查工程量:是否按照规定的工程量计算规则计算工程量,编制预算时是否考虑施工方案对工程量的影响,定额中要求扣除项或合并项是否按规定执行,工程计量单位的设定是否与要求的计量单位一致。

b.审查单价:套用预算单价时,各分部分项工程的名称、规格、计量单位和包括的工程内容是否与定额一致;有单价换算时,换算的分项工程是否符合定额规定及换算是否正确;采用实物法编制预算时,资源单价是否反映了市场供需状况和市场趋势。

c.审查其他的有关费用。采用预算单价法计算造价时,审查的主要内容有:是否按本项目的性质计取费用,有无高套取费标准;相关费用计算的计取基础是否符合规定;利润和税金的计取基础和费率是否符合规定,有无多算或重算。

②施工图预算复(审)核的步骤。

a.做好审查前的施工图纸、预算定额等准备;

b.选择合适的审查方法,按相应的内容进行审查;

c.综合整理审查资料,并与编制单位交换意见,定案后编制调整预算。

③施工图预算复(审)核的方法。施工图预算的复(审)核是合理确定工程造价的必要程序及重要组成部分。但由于施工图预算的复(审)核对象不同,或要求的进度不同,或投资规模不同,则复(审)核方法不一样。常见的施工图预算复(审)核方法主要有以下几种:

a.全面复(审)核法。全面复(审)核法又称为逐项复(审)核法,就是按照计价定额或施工先后顺序,逐一全部进行审查的方法。该方法的优点是全面、细致,经审查的施工图预算差错比较少,质量比较高;缺点是工作量大。此方法一般适用于工程量较小、工艺较简单的工程或技术力量比较薄弱的施工单位承包的工程。

b.重点复(审)核法。重点复(审)核法就是抓住施工图预算中的重点进行复(审)核。该方法的优点是重点突出、时间短、效果较好;缺点是只能发现重点项目的差错,不能发现工程量较小或费用较低项目的差错。此方法适用于一些工程量大或造价较高的项目。

c.对比复(审)核法。用已建成工程的工程量,或未建成但已经审核修正过的工程的工程量,对比审核拟建类似工程的工程量。对比审核法一般应根据工程的不同条件区别对待:两个工程采用同一个施工图,但基础部分和现场条件不同;两个工程设计相同,但建筑面积不同;两个工程建筑面积相同,但设计图纸不完全相同。该方法的优点是简单易行、速度快,适用于规模小、结构简单的一般民用建筑住宅工程,特别适用于采用标准施工图施工的工程。

d.分组计算复(审)核法。分组计算复(审)核法是一种加快审核工程量速度的方法。把施工图预算中的项目划分为若干组,并把相邻且有一定内在联系的项目编为一组,审核或计算同一组中某个分项工程量,利用工程量之间具有相同或相似计算基础的关系,判断同组中其他几个分项工程量计算的准确程度的方法,称为分组计算复(审)核法。

e.经验复(审)核法。根据以往的实践经验,审核容易发生差错的那部分工程子目的方法,称为经验复(审)核法。

审核完成后,相关人员需签字盖章。

(3)装订

完成施工图预算复(审)核后,就要进行装订。一般来说,施工图预算装订由两部分组成:第一部分为预算书,第二部分为工作底稿。

施工图预算的装订应按顺序进行。一般来说,施工图预算书装订顺序如下:

①施工图预算书封面;

②总说明;

③单项工程造价汇总表;

④单位工程造价汇总表;

⑤工程造价汇总表;

⑥分部分项工程费及工料分析表;

⑦单价措施项目费及工料分析表;

⑧总价措施项目计价表;

⑨其他项目费计价汇总表;

⑩规费、税金项目计价表。

工作底稿装订顺序如下:

①工程量计算表;

②工程单价换算表;

③材料及燃料汇总表;

④材料及燃料动力费价差调整表;

⑤工程技术经济指标。

将上述相关表格文件装订成册,即成为完整的施工图预算成果。

4)实训成果

施工图预算书的封面见表2.18。

表 2.18　施工图预算书封面

建筑工程预算造价

施工图预算造价(小写):177 577.94

(大写):壹拾柒万柒仟伍佰柒拾柒元玖角肆分

招标人:××市建设局建筑工程处

(单位盖章)

工程造价咨询人:××省××工程造价咨询有限公司

(单位资质专业章)

法定代表人
或其授权人:

(签字或盖章)

法定代表人
或其授权人:

(签字或盖章)

编制人:

全国建设工程造价员
王XX　建筑0641XXXX
XX省XX市工程咨询有限公司
有效期至:2019 年 10 月 20 日

(造价人员签字盖专用章)

复核人:

中华人民共和国注册造价工程师
李　×
B0144000××××
××省××工程造价咨询有限公司
有效期至:2019年12月31日

(造价工程师签字盖专用章)

编制时间:　　年　月　日

复核时间:　　年　月　日

【实训考评】

编制建筑工程施工图预算的项目实训考评应包含实训考核和实训评价两个方面。

(1)实训考核

实训考核是指实训教师在指导学生完成该项目时的具体考查核定方法,应从实训组织、实训方法、措施以及实训时间安排 4 个方面来体现,具体内容详见表 2.19。

表 2.19　实训考核措施及原则

<table>
<tr><td>考核措施及原则</td><td>实训组织</td><td>实训方法</td><td colspan="2">实训时间安排</td></tr>
<tr><td>措施</td><td>划分实训小组
构建实训团队</td><td>手工计算
软件计算</td><td>内容</td><td>时间(天)</td></tr>
<tr><td rowspan="7">原则</td><td rowspan="7">学生自愿
人数均衡
团队分工明确
分享机制</td><td rowspan="7">两种方法任选其一
两种方法互相验证</td><td>列项并计算定额工程量</td><td>1</td></tr>
<tr><td>确定分部分项工程费</td><td>4</td></tr>
<tr><td>确定措施项目费</td><td>1</td></tr>
<tr><td>确定其他项目费</td><td>1</td></tr>
<tr><td>确定规费及税金</td><td>1</td></tr>
<tr><td>编写总说明及填写封面</td><td>1</td></tr>
<tr><td>复核并装订</td><td>1</td></tr>
</table>

(2)实训评价

实训评价主要分为小组自评和教师评价两种方式,具体的评价办法参见表2.20。

表 2.20　实训评价表

<table>
<tr><td>评价方式</td><td>项目</td><td>具体内容</td><td>满分分值</td><td>占比</td></tr>
<tr><td rowspan="3">小组自评(20%)</td><td>专业技能</td><td></td><td>12</td><td>60%</td></tr>
<tr><td>团队精神</td><td></td><td>4</td><td>20%</td></tr>
<tr><td>创新能力</td><td></td><td>4</td><td>20%</td></tr>
<tr><td rowspan="10">教师评价(80%)</td><td rowspan="3">实训过程</td><td>团队意识</td><td>12</td><td rowspan="3">40%</td></tr>
<tr><td>沟通协作能力</td><td>10</td></tr>
<tr><td>开拓精神</td><td>10</td></tr>
<tr><td rowspan="4">实训成果</td><td>内容完整性</td><td>8</td><td rowspan="4">40%</td></tr>
<tr><td>格式规范性</td><td>8</td></tr>
<tr><td>方法适宜性</td><td>8</td></tr>
<tr><td>书写工整性</td><td>8</td></tr>
<tr><td rowspan="3">实训考勤</td><td>迟到</td><td>4</td><td rowspan="3">20%</td></tr>
<tr><td>早退</td><td>4</td></tr>
<tr><td>缺席</td><td>8</td></tr>
</table>

项目 3　编制建筑工程招标工程量清单

【实训案例】

(1)工程概况

本工程为新建××厂房配套卫浴间,属于××电气设备生产厂的附属配套建筑。建筑面积为 64.47 m^2,建筑层数 1 层,砖混结构形式。本项目设计施工图详见附录 4。

(2)编制要求

根据相关编制依据,对项目施工图包含的所有分部分项工程项目及单价措施项目工程量进行计算并编制招标工程量清单。

(3)编制依据

①《建设工程工程量清单计价规范》(GB 50500—2013);

②《房屋建筑与装饰工程工程量计算规范》(GB 50854—2013);

③2015 年《四川省建设工程工程量清单计价定额》;

④新建××厂房配套卫浴间设计施工图。

(4)招标文件相关规定

①本次招标性质为施工总承包;招标内容包括完成招标工程量清单中所有工作项目必须消耗的人工、材料和机械设备等资源。

②工程量清单应由具有编制能力的招标人或受其委托,具有相应资质的工程造价咨询人编制。

③采用工程量清单方式招标,工程量清单必须作为招标文件的组成部分,其准确性和完整性由招标人负责。

④本工程的暂列金额原则上不应超过分部分项工程费的 10%。

⑤总承包服务费是按专业工程承包人的要求提供施工工作面并对施工现场进行统一管理,以及对竣工资料进行统一整理汇总而产生的费用。

【实训目标】

招标文件是建筑工程施工招标过程中非常重要的技术经济文件。编制建筑工程招标工程量清单又是编制招标文件的重要环节。对于招标人来说,科学合理地编制招标工程量清单,会对项目后期招标控制价的编制、合同价款的约定以及工程结算起到良好的控制作用;对于投标人来说,有了高质量的招标工程量清单作参照,会对项目后期的投标报价、工程施工控制和后期维护打好基础。

通过该实训项目,学生应达到以下要求:

①能理解建筑工程招标工程量清单的概念和意义;

②能理解建筑工程招标工程量清单的地位和作用;

③能运用设计施工图、清单计价和计量规范、相关设计及施工规范或图集编制建筑工程招标工程量清单。

任务1 列项及计算清单工程量

1)实训目的

通过本次实训任务,学生应能达成以下能力目标:

①能根据项目的背景资料,合理地划分清单项目;

②能正确计算该项目招标工程量清单的清单工程量。

2)实训内容

(1)划分清单项目

根据教师提供的新建××厂房配套卫浴间工程设计施工图纸(以下简称“卫浴间工程设计施工图”),结合《房屋建筑与装饰工程工程量计算规范》(GB 50854—2013),对该工程的清单项目进行列项。

(2)计算清单工程量

根据教师提供的卫浴间工程设计施工图,结合《房屋建筑与装饰工程工程量计算规范》(GB 50854—2013),计算各项目的清单工程量。

3)实训步骤与指导

为了正确划分工程的清单项目和计算清单工程量,应做到以下几点:

(1)熟悉资料

熟悉设计文件,掌握工程全貌,便于清单项目列项的完整及清单项目特征的准确描述;熟悉《房屋建筑与装饰工程工程量计算规范》(GB 50854—2013)和设计文件中列明的相关设计规范及图集,保证工程量计算的准确性。

(2)现场踏勘

现场踏勘需要考虑两个方面的情况,一是自然地理条件,包括工程所在地的地理位置、地形、地貌、用地范围等,气象、水文情况,地质情况,地震、洪水及其他自然灾害情况。配合设计文件中的地质勘察报告加以佐证,对工程有一个全面、深入的把握,保证编制的招标工程量清单切合实际。二是施工条件,包括工程现场周围的道路、进出场条件、交通限制情况,工程现场施工临时设施、大型施工机具、材料堆放场地安排情况,工程现场邻近建筑物与招标工程的间距、结构形式、基础埋深、新旧程度、高度,现场供电方式、方位、距离、电压,当地政府有关部门对施工现场管理的一般要求、特殊要求及规定等。

(3)拟订常规的施工方案

由于招标工程量清单并没有站在某个具体的施工企业的角度来考虑施工方案,所以只能按照拟建工程最可能采取的常规施工方案来考虑。施工方案应包括拟订施工总方案、确定施工顺序、编制施工进度计划、计算人材机需要量、布置施工平面等。

4)实训成果

根据实训案例要求,列出"平整场地""挖沟槽土方"和"基础回填"等清单项目;根据设计施工图和《房屋建筑与装饰工程工程量计算规范》(GB 50854—2013),确定这些项目的项目编码并计算工程量。表 3.1 为项目"三线一面"基数工程量计算表,表 3.2 为分部分项工程和措施项目清单工程量计算表。

表 3.1　项目"三线一面"基数工程量计算表

序号	项目名称	单位	工程数量	计算式	备注
1	外墙中心线	m	39.46	(3.73+16)×2	
2	内墙净长线	m	15.39	[(3.73−0.6)+(1.8−0.3)×2]×2+(3.73−0.6)	基础部分
		m	17.19	[(3.73−0.24)+(1.8−0.12)×2]×2+(3.73−0.24)	墙部分
3	外墙外边线	m	40.42	[(3.73+0.24)+(16+0.24)]×2	
4	室内净面积	m^2	50.88	(3.73−0.24)×(3−0.24)+(1.8−0.24)×(1.8−0.24)+(3.73−0.24)×(2.4−0.24)+(1.93−0.24)×1.8+(3.73−0.24)×(3.7−0.24)+(1.93−0.24)×1.8+(1.8−0.24)×(1.8−0.24)+(3.73−0.24)×(3.3−0.24)	

表 3.2　分部分项工程和措施项目清单工程量计算表

工程名称:新建××厂房配套卫浴间　　　　第　页共　页

序号	项目编码	项目名称	单位	工程数量	工程量计算式
分部分项工程项目清单工程量计算表					
1	010101001001	平整场地	m^2	64.47	(3.73+0.24)×(16+0.24)
2	010101003002	挖沟槽土方	m^3	88.86	{(3.73+16)×2+[(3.73−0.6)+(1.8−0.3)×2]×2+(3.73−0.6)}×(0.6+0.3×2)×(1.5−0.15)
3	010103001003	基础回填	m^3	64.86	88.86−{[0.24×(−0.15+1.25)+0.06×0.12×2]×56.65+8.23}
4	010103001004	室内回填	m^3	8.85	[(3.73−0.24)×(3−0.24)+(1.8−0.24)×(1.8−0.24)+(3.73−0.24)×(2.4−0.24)+(1.93−0.24)×1.8+(3.73−0.24)×(3.7−0.24)+(1.93−0.24)×1.8+(1.8−0.24)×(1.8−0.24)+(3.73−0.24)×(3.3−0.24)]×(0.3−0.126)

续表

序号	项目编码	项目名称	单位	工程数量	工程量计算式
5	010103002005	余方弃置	m^3	15.15	88.86−64.86−8.85
6	010401001006	砖基础	m^3	14.07	{0.24×[0.15−(−1.25)]+0.12×0.06×2}×56.65−2.45−1.29−2.04
7	010401003007	实心砖墙；防潮层以上	m^3	37.55	[(3.75−0.15−0.18)×(39.46+17.19)−7.56−7.2−1.56×2.1×2]×0.24−0.35−3.48
8	010401003008	女儿墙	m^3	2.87	0.24×39.46×0.34−0.35
9	010404001009	基础垫层	m^3	8.23	{(3.73+16)×2+[(3.73−0.6)+(1.8−0.3)×2]×2+(3.73−0.6)}×0.6×0.25
10	010501001010	浴室排水沟垫层	m^3	0.52	0.65×0.1×(2.73+3.19−0.65+2.73)
11	010502002011	构造柱	m^3	4.92	防潮层以下： GZ1：0.24×0.24×(1.25+0.15−0.18−0.15)×9+0.03×0.24×(1.25+0.15−0.18−0.15)×(3×3+2×6) GZ2：0.2×0.24×(1.25+0.15−0.18−0.15)×5+0.03×0.24×(1.25+0.15−0.18−0.15)×3×5 [1.09] 防潮层以上： GZ1：0.24×0.24×(3.75−0.15−0.18)×9+0.03×0.24×(3.75−0.15−0.18)×(3×3+2×6) GZ2：0.2×0.24×(3.75−0.15−0.18)×5+0.03×0.24×(3.75−0.15−0.18)×3×5 [3.48] 女儿墙处： GZ1：0.24×0.24×0.34×9+0.03×0.24×0.34×(3×3+2×6) GZ2：0.2×0.24×0.34×5+0.03×0.24×0.34×3×5 [0.35] 合计：1.09+3.48+0.35=4.92
12	010503002012	矩形梁	m^3	0.20	0.24×0.25×(3.73−1.8−0.24)×2
13	010503004013	C25 混凝土地圈梁	m^3	2.45	0.24×0.18×{(3.73+16)×2+[(3.73−0.24)+(1.8−0.12)×2]×2+(3.73−0.24)}
14	010503004014	圈梁	m^3	2.45	0.24×0.18×(39.46+17.19)
15	010503005015	现浇过梁	m^3	0.35	0.24×0.12×1.5×4+0.24×0.18×2.06×2
16	010505002016	C25 混凝土板	m^3	4.72	(3.73−0.24)×(3−0.24)×0.1+(1.8−0.24)×(1.8−0.24)×0.08+[(3.73−0.24)×(2.4−0.24)+(1.93−0.24)×1.8]×0.08+(3.73−0.24)×(3.7−0.24)×0.1+(1.93−0.24)×1.8×0.08+(1.8−0.24)×(1.8−0.24)×0.08+(3.73−0.24)×(3.3−0.24)×0.1

续表

序号	项目编码	项目名称	单位	工程数量	工程量计算式
17	010507003017	浴室排水明沟	m	8.35	3.19+2.73−0.15×2+2.73
18	010507005018	C15 混凝土压顶	m^3	0.65	(0.06+0.05)×0.3×0.5×39.46
19	010507007019	C25 混凝土止水带	m^3	2.04	0.24×0.15×(39.46+17.19)
20	010607003020	成品雨篷	m^2	4.5	2.5×0.9×2
21	010802001021	铝合金门 M0921	m^2	7.56	0.9×2.1×4
22	010807001022	塑钢推拉窗 C1215	m^2	7.2	1.2×1.5×4
23	010902001023	屋面卷材防水	m^2	66.55	55+(3.73−0.24+16−0.24)×2×0.3
24	010902003024	屋面刚性层	m^2	66.55	55+(3.73−0.24+16−0.24)×2×0.3
25	010902004025	屋面排水管	m	7.8	3.9×2
26	011001001026	溢流管	m	1.00	1.00
27	011001001027	保温隔热屋面	m^2	55.00	(3.73−0.24)×(16−0.24)
28	011101006028	平面砂浆找平层	m^2	55.00	(3.73−0.24)×(16−0.24)
29	011102003029	防滑彩色釉面砖地面	m^2	51.74	50.88+0.9×0.24×4
30	011204003030	彩釉砖内墙面	m^2	214.83	①(3.73−0.24−0.006×2+3−0.24−0.006×2)×2×3.5−1.2×1.5−0.9×2.1 [39.892] ②[(1.8−0.24−0.006×2)×4×3.5−1.56×2.1−0.9×2.1×2]×2 [29.232] ③[2.4−0.24−0.006×2+3.73−0.24−0.006×2+4.2−0.24−0.006×2+1.9−0.24−0.006×2+(1.8−0.12−0.006)×2]×3.5−0.9×2.1−1.2×1.5 [47.305] ④(3.73−0.24−0.006×2+3.3−0.24−0.006×2)×2×3.5−1.2×1.5−0.9×2.1 [41.992] ⑤[3.7−0.24−0.006×2+3.73−0.24−0.006×2+5.5−0.24−0.006×2+1.9−0.24−0.006×2+(1.8−0.12−0.006)×2]×3.5−0.9×2.1−1.2×1.5 [56.405] 合计:39.892+29.232+47.305+41.992+56.405=214.826
31	011302001031	铝合金条板吊顶	m^2	50.88	50.88

续表

序号	项目编码	项目名称	单位	工程数量	工程量计算式
32	011407001032	外墙面喷刷涂料	m^2	159.21	(3.73+0.24+16+0.24)×2×(4.15+0.15)−2.8×0.15×2−1.2×1.5×4−1.56×2.1×2
单价措施项目清单工程量计算表					
1	011701001001	综合脚手架	m^2	64.47	(3.73+0.24)×(16+0.24)
2	011702003002	构造柱模板	m^2	31.30	(0.24+0.03×2)×(1.25−0.18+3.75−0.15−0.18+0.34)×2×6+(0.24+0.03×2+0.03×2)×(1.25−0.18+3.75−0.15−0.18+0.34)×8
3	011702006003	矩形梁模板	m^2	1.69	0.25×(3.73−1.8−0.24)×2×2
4	011702008004	地圈梁模板	m^2	20.39	(39.46+17.19)×0.18×2
5	011702008005	圈梁模板	m^2	20.39	(39.46+17.19)×0.18×2
6	011702009006	过梁模板	m^2	2.92	0.12×1.5×4×2+0.18×2.06×2×2
7	011702015007	板模板	m^2	50.88	50.88
8	011702025008	基础垫层模板	m^2	27.43	(39.46+15.39)×0.25×2
9	011702025009	排水沟垫层模板	m^2	1.67	(3.19+2.73−0.15×2+2.73)×0.1×2
10	011702025010	压顶模板	m^2	4.34	0.055×39.46×2
11	011702025011	止水带模板	m^2	17.00	(39.46+17.19)×0.15×2
12	011703001012	垂直运输	m^2	64.47	(3.73+0.24)×(16+0.24)

任务 2　编制分部分项工程项目清单

1)实训目的

通过本次实训任务,学生应能达成以下能力目标:

能根据设计施工图和清单计价计量规范,结合工程项目的实际情况科学合理地编制分部分项工程项目清单。

2)实训内容

根据教师提供的卫浴间工程设计施工图、编制要求和招标文件相关规定,参照《建设工程工程量清单计价规范》(GB 50500—2013)、《房屋建筑与装饰工程工程量计算规范》(GB 50854—2013),并结合工程项目的实际情况编制分部分项工程项目清单。

3)实训步骤与指导

分部分项工程项目清单反映的是拟建工程分项实体工程项目名称和相应数量的明细清单,包括项目编码、项目名称、项目特征、计量单位和工程量。

(1)项目编码

项目编码是分部分项工程和措施项目清单名称的阿拉伯数字标识,采用12位阿拉伯数字表示,1至9位应按照相应专业工程计量规范附录的规定设置,10至12位应根据拟建工程的工程量清单项目名称和项目特征设置,同一招标工程的项目编码不得有重码。

(2)项目名称

分部分项工程的项目名称,应按相应专业工程计量规范附录的项目名称结合拟建工程的实际确定。换句话说,可以在相应专业工程计量规范附录中给出的项目名称的基础上作修改,这种修改应是对附录项目名称的指向化和具体化。例如"块料楼地面(011102003)",依据实训案例实际用到的地面块料的具体材料,确定为"防滑彩色釉面砖地面"。

(3)项目特征

项目特征是指分部分项工程、措施项目的本质特征。

分部分项工程的项目特征是确定一个清单项目综合单价不可缺少的重要依据。在描述分部分项工程量清单的项目特征时,为达到规范、简洁、准确、全面的要求,应注意以下原则:

①项目特征描述的内容应按计量规范附录中的规定,结合拟建工程的实际,满足确定综合单价的需要;

②若采用标准图集或施工图能够全部或部分满足项目特征描述的要求,描述可直接采用详见××图集或××图号的方式;

③计量规范附录中对于每个项目的项目特征如何描述,给出了一定的指引,但是这个指引仅仅作为描述项目特征的参考,编制者可以根据工程实际增加和删减描述的细目,前提是满足综合单价组价的需求。

(4)计量单位

分部分项工程的计量单位应遵守《建设工程工程量清单计价规范》(GB 50500—2013)、《房屋建筑与装饰工程工程量计算规范》(GB 50854—2013)的规定,当附录中有两个或两个以上计量单位的,应结合拟建工程项目的实际选择其中之一确定,一般会选择与计价定额对应项目相同的计量单位,以方便计价。

(5)工程量的计算

关于分部分项工程的工程量,应严格按照相应专业工程计量规范规定的工程量计算规则进行计算。在计算过程中,要尽量保证快速、准确、不漏算、不重算。

4)实训成果

编制的分部分项工程项目清单,见表3.3。

表 3.3 分部分项工程项目清单表

工程名称:新建××厂房配套卫浴间 第 页共 页

序号	项目编码	项目名称	项目特征	计量单位	工程量	金额(元)		
						综合单价	合价	其中 暂估价
1	010101001001	平整场地	1.土壤类别:三类土 2.弃、取土运距:投标人自行考虑	m^2	64.47			
2	010101003002	挖沟槽土方	1.土壤类别:综合 2.挖土深度:2 m 以内 3.弃土运距:投标人自行考虑	m^3	88.86			
3	010103001003	基础回填	1.密实度要求:符合设计及施工规范 2.填方材料品种:符合工程性质的土 3.填方来源、运距:投标人自行考虑	m^3	64.86			
4	010103001004	室内回填	1.土质要求:一般土壤 2.密实度要求:按规范要求,夯填 3.运距:投标人自行考虑	m^3	8.85			
5	010103002005	余方弃置	1.土质要求:一般土壤 2.密实度要求:按规范要求,夯填 3.运距:投标人自行考虑	m^3	15.15			
6	010401001006	砖基础	1.砖品种、规格、强度等级:MU15 烧结页岩砖 2.基础类型:砖基础 3.砂浆强度等级:M7.5 水泥砂浆 4.防潮层材料种类:1∶2 水泥砂浆防潮层加 3%~5%防水剂	m^3	14.07			
7	010401003007	实心砖墙;防潮层以上	1.砖品种、规格、强度等级:MU15 烧结页岩砖 2.墙体类型:实心砖墙 3.砂浆强度等级、配合比:M5 混合砂浆	m^3	37.55			

续表

序号	项目编码	项目名称	项目特征	计量单位	工程量	金额(元)		
						综合单价	合价	其中 暂估价
8	010401003008	女儿墙	1.砖品种、规格、强度等级:MU15烧结页岩砖 2.墙体类型:女儿墙 3.砂浆强度等级、配合比:M5混合砂浆	m^3	2.87			
9	010404001009	基础垫层	垫层材料种类、配合比、厚度:C20,250 mm	m^3	8.23			
10	010501001010	浴室排水沟垫层	垫层材料种类、配合比、厚度:C15	m^3	0.52			
11	010502002011	构造柱	混凝土强度等级:C25	m^3	4.92			
12	010503002012	矩形梁	混凝土强度等级:C25	m^3	0.20			
13	010503004013	C25 混凝土地圈梁	混凝土强度等级:C25	m^3	2.45			
14	010503004014	圈梁	混凝土强度等级:C25	m^3	2.45			
15	010503005015	现浇过梁	混凝土强度等级:C20	m^3	0.35			
16	010505002016	C25 混凝土板	混凝土强度等级:C25	m^3	4.72			
17	010507003017	浴室排水明沟	1.沟截面:净空 250 mm×450 mm,壁厚 100 mm 2.垫层材料种类、厚度:C10 混凝土,厚度 100 mm 3.混凝土强度等级:C25 4.其他:上部塑料箅子	m	8.35			
18	010507005018	C15 混凝土压顶	混凝土强度等级:C15	m^3	0.65			
19	010507007019	C25 混凝土止水带	1.构件类型:C25 混凝土止水带 2.构件规格:150 mm 高,同墙宽,C25 混凝土挡水 3.混凝土强度等级:C25	m^3	2.04			
20	010607003020	成品雨篷	材料品种、规格:详见 07J501-1-12-JP1-1527(a),尺寸改为 1 500 mm×900 mm	m^2	4.5			

续表

序号	项目编码	项目名称	项目特征	计量单位	工程量	金额(元)		
						综合单价	合价	其中 暂估价
21	010902001023	屋面卷材防水	防水层做法:4 mm 厚 SBS 改性沥青防水卷材(Ⅰ型)	m^2	66.55			
22	010902003024	屋面刚性层	1.刚性层厚度:25mm 厚 2.砂浆强度等级:1∶2 水泥砂浆保护层(掺聚丙烯纤维)	m^2	66.55			
23	010902004025	屋面排水管	1.排水管品种、规格:PVC *DN*100 2.雨水斗、山墙出水口品种、规格:详见西南 11J201-50-2 和西南 11J201-53-1	m	7.8			
24	010902004026	溢流管	排水管品种、规格:*DN*50 塑料管 1 根	m	1.00			
25	011001001027	保温隔热屋面	保温隔热材料品种、规格、厚度:最薄处 50 mm 厚 1∶6 水泥焦渣(i=2%)	m^2	55.00			
26	011101006028	平面砂浆找平层	找平层厚度、砂浆配合比:20 mm 厚 1∶3 水泥砂浆找平层	m^2	55.00			
27	011102003029	防滑彩色釉面砖地面	1.垫层:100 mm 厚 C10 混凝土垫层 2.防水层:改性沥青一布四涂 3.黏结层:20 mm 厚 1∶2 干硬性水泥砂浆黏合层 4.面层:6 mm 厚防滑彩色釉面砖,水泥浆擦缝 5.其他:详见西南 11J312-3122DB1	m^2	51.74			
28	011204003030	彩釉砖内墙面	1.墙体类型:内墙面 2.安装方式:黏结 3.10 mm 厚 1∶3 水泥砂浆打底扫毛 4.8 mm 厚 1∶2 水泥砂浆黏结层 5.6 mm 厚彩色釉面砖,勾缝剂擦缝 6.其他:详见西南 11J515-N11	m^2	214.83			

续表

序号	项目编码	项目名称	项目特征	计量单位	工程量	金额(元)		
						综合单价	合价	其中 暂估价
29	011302001031	铝合金条板吊顶	1.吊顶形式、吊杆规格、高度：ϕ8 钢筋吊杆，双向吊顶，中距 900~1 200 mm 2.龙骨材料种类、规格、中距：专用龙骨，中距<300~600 mm 3.面层材料品种、规格：0.5~0.8 mm厚铝合金条板，中距 100,150,200 mm 等 4.其他：详见 11J515-P10	m^2	50.88			
30	011407001032	外墙面喷刷涂料	1.基层类型：天棚面一般抹灰面 2.腻子种类：石膏粉腻子 3.刮腻子要求：清理基层，修补，砂纸打磨，满刮腻子两遍 4.涂料种类：详见建施图 5.其他：详见 11J515-P05	m^2	159.21			

任务 3　编制措施项目清单

1) 实训目的

通过本次实训任务，学生应能达成以下能力目标：

①能根据设计施工图和清单计价计量规范，结合工程项目的实际情况科学合理地编制总价措施项目清单；

②能根据设计施工图和清单计价计量规范，结合工程项目的实际情况科学合理地编制单价措施项目清单。

2) 实训内容

(1) 编制总价措施项目清单

根据教师提供的卫浴间工程设计施工图、编制要求和招标文件相关规定，参照《建设工程工程量清单计价规范》(GB 50500—2013)、《房屋建筑与装饰工程工程量计算规范》(GB 50854—2013)，并结合工程项目的实际情况编制总价措施项目清单。

(2) 编制单价措施项目清单

根据教师提供的卫浴间工程设计施工图、编制要求和招标文件相关规定，参照《建设工程工程量清单计价规范》(GB 50500—2013)、《房屋建筑与装饰工程工程量计算规范》(GB

50854—2013),并结合工程项目的实际情况编制单价措施项目清单。

3)实训步骤与指导

措施项目清单反映的是在工程项目施工过程中,发生于该工程施工准备和施工过程中的技术、生活、安全、环境保护等方面的项目清单。《建设工程工程量清单计价规范》(GB 50500—2013)将措施项目分为单价措施项目和总价措施项目两大部分。

(1)总价措施项目

总价措施项目是指相关规范中没有相应的工程量计算规则,不能计算工程量的项目。它与施工工程的使用时间、施工方法或者两个以上的工序相关。例如"安全文明施工""冬雨季施工""已完工程设备保护"等,这些项目在相关专业工程计量规范中没有具体计算规则,但对辅助工程项目的计价很重要。

(2)单价措施项目

单价措施项目是指可以根据相应专业工程计量规范规定的计算规则进行计量的措施项目。例如"脚手架工程""混凝土模板及支架工程""垂直运输""施工排水、降水"等,这些项目在列项时不仅要考虑施工现场情况、地勘水文资料、工程特点及常规施工方案,还应包括设计文件和招标文件中提出的特定技术措施。

需要强调的是,无论是单价措施项目还是总价措施项目,《建设工程工程量清单计价规范》(GB 50500—2013)和《房屋建筑与装饰工程工程量计算规范》(GB 50854—2013)中都给出了参考的项目名称,编制者应依据工程实际,结合工程所在地颁布的相关规章、文件参照列项;对于规范中未列的项目,编制者可以根据实际情况进行补充。

4)实训成果

根据《建设工程工程量清单计价规范》(GB 50500—2013),各总价措施项目的计算基础选取为"分部分项清单项目定额人工费+单价措施项目定额人工费"。计算费率则根据2015年《四川省建设工程工程量清单计价定额》(爆破工程 建筑安装工程费用 附录)分册的费用计算说明和《四川省住房和城乡建设厅关于印发〈建筑业营业税改征增值税四川省建设工程计价依据调整办法〉的通知》(川建造价发〔2016〕349号)综合确定。

编制的总价措施项目清单,见表3.4。

表3.4 总价措施项目清单表

工程名称:新建××厂房配套卫浴间　　　　第1页 共1页

<table>
<tr><th>序号</th><th>项目编码</th><th>项目名称</th><th>计算基础</th><th>费率(%)</th><th>金额(元)</th><th>备注</th></tr>
<tr><td>1</td><td>011707001001</td><td>安全文明施工</td><td></td><td></td><td></td><td></td></tr>
<tr><td>1.1</td><td colspan="2">环境保护</td><td rowspan="4">分部分项清单项目定额人工费+单价措施项目定额人工费</td><td>0.40</td><td></td><td></td></tr>
<tr><td>1.2</td><td colspan="2">文明施工</td><td>5.00</td><td></td><td></td></tr>
<tr><td>1.3</td><td colspan="2">安全施工</td><td>9.60</td><td></td><td></td></tr>
<tr><td>1.4</td><td colspan="2">临时设施</td><td>7.20</td><td></td><td></td></tr>
</table>

续表

序号	项目编码	项目名称	计算基础	费率(%)	金额(元)	备注
2	011707002002	夜间施工	分部分项清单项目定额人工费+单价措施项目定额人工费	0.80		
3	011707004003	二次搬运费	分部分项清项目单定额人工费+单价措施项目定额人工费	0.40		
4	011707005004	冬雨季施工	分部分项清单项目定额人工费+单价措施项目定额人工费	0.60		
合　计						

说明:表格中安全文明施工费费率参照《四川省住房和城乡建设厅关于印发〈建筑业营业税改征增值税四川省建设工程计价依据调整办法〉的通知》(川建造价发〔2016〕349号)确定。

编制的单价措施项目清单,见表3.5。

表3.5　单价措施项目清单表

工程名称:新建××厂房配套卫浴间　　　　第1页 共1页

序号	项目编码	项目名称	项目特征	计量单位	工程量	金额(元)		
						综合单价	合价	其中 暂估价
1	011701001001	综合脚手架	1.建筑结构形式:砖混结构 2.檐口高度:20 m以内	m^2	64.47			
2	011702003002	构造柱模板	基础类型:条形基础,砌体	m^2	31.30			
3	011702006003	矩形梁模板	支撑高度:3.6 m以内	m^2	1.69			
4	011702008004	地圈梁模板	1.梁截面形状:矩形 2.支撑高度:3.6 m以内	m^2	20.39			
5	011702008005	圈梁模板	1.梁截面形状:矩形 2.支撑高度:3.6 m以内	m^2	20.39			
6	011702009006	过梁模板	1.梁截面形状:矩形 2.支撑高度:3.6 m以内	m^2	2.92			
7	011702015007	无梁板模板	支撑高度:3.6 m以内	m^2	50.88			
8	011702025008	基础垫层模板	构件类型:条形基础垫层	m^2	27.43			
9	011702025009	排水沟垫层模板	构件类型:条形基础垫层	m^2	1.67			

续表

序号	项目编码	项目名称	项目特征	计量单位	工程量	金额(元)		
						综合单价	合价	其中 暂估价
10	011702025010	压顶模板	构件类型:混凝土压顶	m^2	4.34			
11	011702025011	止水带模板	构件类型:混凝土止水带	m^2	17.00			
12	011703001012	垂直运输	1.建筑物建筑类型及结构形式:砖混结构 2.建筑物檐口高度、层数:单层,20 m 以内	m^2	64.47			

任务 4　编制其他项目清单

1)实训目的

通过本次实训任务,学生应能达成以下能力目标:

①能根据清单计价规范,结合工程项目的实际情况科学合理地确定其他项目清单应当包含的费用细目;

②能根据清单计价规范和 2015 年《四川省建设工程工程量清单计价定额》(爆破工程 建筑安装工程费用 附录)分册,口述其他项目清单中暂列金额、暂估价、计日工和总承包服务费的基本计算方法;

③能根据设计施工图和清单计价规范,结合工程项目的实际情况科学合理地编制其他项目清单。

2)实训内容

(1)确定其他项目清单费用细目

根据教师提供的卫浴间工程设计施工图、编制要求和招标文件相关规定,参照《建设工程工程量清单计价规范》(GB 50500—2013),并结合工程项目的实际情况确定其他项目清单的费用细目。

(2)编制其他项目清单

根据教师提供的卫浴间工程设计施工图、编制要求和招标文件相关规定,参照《建设工程工程量清单计价规范》(GB 50500—2013),并结合工程项目的实际情况编制其他项目清单。

3)实训步骤与指导

其他项目清单由暂列金额、暂估价、计日工和总承包服务费 4 个部分组成。

(1)暂列金额

暂列金额用于工程合同签订时尚未确定或者不可预见的所需材料、工程设备、服务的采购,施工中可能发生的工程变更、合同约定调整因素出现时的合同价款调整以及发生的索赔、现场签证确认等的费用。暂列金额由招标人填写,如不能详列,也可只列暂列金额总额。

(2)暂估价

招标人在工程量清单中提供的用于支付必然发生但暂时不能确定价格的材料、工程设备的单价以及专业工程的金额。暂估价由招标人填写,并应说明暂估价的材料拟用在哪些清单项目上。

(3)计日工

计日工是在施工过程中,承包人完成发包人提出的工程合同范围以外的零星项目或工作,按合同中约定的单价计价的一种计价方式。计日工费用的项目名称、数量由招标人填写。

(4)总承包服务费

总承包人为配合协调发包人进行的专业工程发包,对发包人自行采购的材料、工程设备等进行保管以及施工现场管理、竣工资料汇总整理等服务所需的费用。

4)实训成果

根据《建设工程工程量清单计价规范》(GB 50500—2013)和2015年《四川省建设工程工程量清单计价定额》(爆破工程 建筑安装工程费用 附录)分册的费用计算说明,编制其他项目清单(见表3.6)及其涵盖的各分表。

表3.6 其他项目清单表

工程名称:新建××厂房配套卫浴间 第1页 共1页

序号	项目名称	金额(元)	结算金额(元)	备注
1	暂列金额	12 613.71		明细详见分表3.6.1
2	暂估价	3 150.00		
2.1	材料(工程设备)暂估价	—	—	明细详见分表3.6.2
2.2	专业工程暂估价	3 150.00		明细详见分表3.6.3
3	计日工			明细详见分表3.6.4
4	总承包服务费			明细详见分表3.6.5
合计		15 763.71		—

分表3.6.1 暂列金额明细表

工程名称:新建××厂房配套卫浴间 第1页 共1页

序号	项目名称	计量单位	暂定金额(元)	备注
1	暂列金额	元	12 613.71	
合计			12 613.71	

分表3.6.2　材料(工程设备)暂估单价表

工程名称:新建××厂房配套卫浴间　　　　第1页 共1页

序号	材料名称、规格、型号	计量单位	数量		单价		合价(元)		备注
			暂估	确认	暂估	确认	暂估	确认	
1	水泥焦渣	m^3	5.00		45.00		225.00		
2	彩色釉面砖(甲供)	m^2	250.00		50.00		12 500.00		仅用于项目编码为“011204003030”的彩釉砖内墙面项目
合　计							12 725.00		

分表3.6.3　专业工程暂估价表

工程名称:新建××厂房配套卫浴间　　　　第1页 共1页

序号	工程名称	工程内容	暂估金额(元)	结算金额(元)	差额±(元)	备注
1	铝合金门 M0921	运输及安装就位	1 600.00			
2	塑钢推拉窗 C1215	运输及安装就位	1 550.00			
合　计			3 150.00			

说明:表格中的项目在设计施工图上为二次专业设计,由于项目本身价值主要为材料价格,故考虑为材料暂估价表。

分表3.6.4　计日工表

工程名称:新建××厂房配套卫浴间　　　　第1页 共1页

编号	项目名称	单位	暂定数量	实际数量	综合单价(元)	合价(元)	
						暂定	实际
一	人工						
1	普工	工日	3				
2	技工	工日	3				
人工小计							
二	材料						
1	钢筋	t	0.05				
2	水泥 42.5	t	0.20				
材料小计							
三	施工机械						

续表

编号	项目名称	单位	暂定数量	实际数量	综合单价（元）	合价（元）	
						暂定	实际
1	灰浆搅拌机	台班	1				
施工机械小计							
四	企业管理费和利润						
总　计							

说明：本工程根据招标文件，在编制招标工程量清单时，根据工程实际情况暂定一定数量的计日工。

分表 3.6.5　总承包服务费计价表

工程名称：新建××厂房配套卫浴间　　　　第1页 共1页

序号	项目名称	项目价值（元）	服务内容	计算基础	费率（%）	金额（元）
1	发包人发包专业工程	3 150.00	按专业工程承包人的要求提供施工工作面并对施工现场进行统一管理，对竣工资料进行统一整理汇总	专业工程估算价值		
2	发包人提供材料	12 500.00	对发包人自行供应的材料进行保管	材料价值		
合　计						

说明：本工程根据招标文件，招标人要求总包人对其发包的专业工程既进行总承包管理和协调，又要求提供相应配合服务时，总承包服务费根据招标文件列出的配合服务内容，按发包的专业工程估算造价的4.5%计算。总包人对招标人自行供应的部分材料进行保管，按相关部分材料价值的1.0%计算。

任务5　编制规费项目清单和税金项目清单

1）实训目的

通过本次实训任务，学生应能达成以下能力目标：

①能根据清单计价规范，结合工程项目的实际情况科学合理地编制规费项目清单；

②能根据清单计价规范和2015年《四川省建设工程工程量清单计价定额》（爆破工程 建筑安装工程费用 附录）分册，口述规费项目清单中相关费用的基本计算方法；

③能根据清单计价规范，结合工程项目的实际情况科学合理地编制税金项目清单；

④能根据清单计价规范和2015年《四川省建设工程工程量清单计价定额》（爆破工程 建筑安装工程费用 附录）分册，口述税金的基本计算方法。

2)实训内容

(1)编制规费项目清单

根据教师提供的卫浴间工程设计施工图、编制要求和招标文件相关规定,参照《建设工程工程量清单计价规范》(GB 50500—2013),并结合工程项目的实际情况编制规费项目清单。

(2)编制税金项目清单

根据教师提供的卫浴间工程设计施工图、编制要求和招标文件相关规定,参照《建设工程工程量清单计价规范》(GB 50500—2013),并结合工程项目的实际情况编制税金项目清单。

3)实训步骤与指导

规费和税金必须按国家或省级、行业建设主管部门的规定进行计算。

规费由一个计算基础乘以相应的费率得到。计算基础和费率应参照国家或省级、行业建设主管部门的相关政策、文件确定。

税金是以分部分项工程费、措施项目费、其他项目费和规费之和为计算基础,乘以相应的综合税率得到的。综合税率的取值由国家或省级、行业建设主管部门的相关政策、文件确定。

4)实训成果

根据《建设工程工程量清单计价规范》(GB 50500—2013)、2015年《四川省建设工程工程量清单计价定额》(爆破工程 建筑安装工程费用 附录)分册以及《四川省住房和城乡建设厅关于印发〈建筑业营业税改征增值税四川省建设工程计价依据调整办法〉的通知》(川建造价发〔2016〕349号),编制规费、税金项目清单,见表3.7。

表3.7　规费、税金项目清单表

工程名称:新建××厂房配套卫浴间　　　　第1页 共1页

序号	项目名称	计算基础	计算基数	费率(%)	金额(元)
1	规费				
1.1	社会保险费	分部分项清单项目定额人工费+单价措施项目定额人工费			
(1)	养老保险费	分部分项清单项目定额人工费+单价措施项目定额人工费		7.50	
(2)	失业保险费	分部分项清单项目定额人工费+单价措施项目定额人工费		0.60	
(3)	医疗保险费	分部分项清单项目定额人工费+单价措施项目定额人工费		2.70	
(4)	工伤保险费	分部分项清单项目定额人工费+单价措施项目定额人工费		0.70	
(5)	生育保险费	分部分项清单定项目额人工费+单价措施项目定额人工费		0.20	
1.2	住房公积金	分部分项清单项目定额人工费+单价措施项目定额人工费		3.30	
1.3	工程排污费	按工程所在地环境保护部门收取标准按实计算			
2	增值税税金	分部分项工程费+措施项目费+其他项目费+规费		10	
合　计					

任务6　编制建筑工程招标工程量清单总说明

1)实训目的

通过本次实训任务,学生应能达成以下能力目标:

能根据工程背景资料,结合编制清单主体内容中的实际体验,编制建筑工程招标工程量清单的总说明。

2)实训内容

根据编制过程中积累的经验,结合实训案例的示范,编制建筑工程招标工程量清单的总说明,要求语言精练、逻辑清晰。

3)实训步骤与指导

招标工程量清单的说明与工程规模有关,一般性房屋建筑工程,编制招标工程量清单总说明即可;大型房屋建筑工程,不仅应编制招标工程量清单总说明,还应针对各个单项工程单独编制相关说明。一般说明应包括以下内容:

(1)工程概况

工程概况是指拟编制建筑工程的地理位置、建设规模、工程特征、计划工期、施工现场实际情况、自然地理条件、环境保护要求等。

(2)工程招标及分包范围

招标范围是单位工程的招标范围。对于大型建设项目,作为一个整体进行招标会使符合招标条件的潜在投标人数量太少,降低招标的竞争性。因此,对于每个待招标的工程项目都应界定明晰的招标范围,方便投标人进行资料收集、分析,形成合理的报价。

分包范围是某些特殊的专业工程的分包范围。例如"甲供"的情况;或是合同签订后,总承包人可以将工程的一些专业性很强的分部工程或者劳务部分进行分包等。

(3)招标工程量清单编制依据

招标工程量清单编制依据包括《建设工程工程量清单计价规范》(GB 50500—2013)、设计文件、招标文件、施工现场情况、工程特点及常规施工方案等。

(4)工程质量、材料、施工等的特殊要求

关于工程质量、材料、施工等的特殊要求,主要是指招标人结合拟招标工程的实际,提出本工程与常规施工方案中没有的或不具体的一些特殊性要求。例如,在工程质量方面,招标人要求拟建工程的质量应达到合格或优良标准;在材料方面,招标人对水泥的品牌、钢材的生产厂家、装饰块料的生产地提出要求;在施工方面,招标人提出拟招标项目的施工方案与常规施工方案的不同之处。

(5)其他需要说明的事项

其他需要说明的事项,主要是针对具体工程需要阐明的问题所作的特别说明。例如,该工程项目的招标工程量清单在编制过程中遇到了哪些特殊问题,编制者参照何种依据,采取什么途径或手段解决了问题,抑或是问题并没有解决,留待在后续环节中解决等。

4) 实训成果

下面根据实训案例，给出招标工程量清单总说明的示范，见表 3.8。

表 3.8　招标工程量清单总说明

工程名称：新建××厂房配套卫浴间　　　　第 1 页 共 1 页

1.工程概况 本工程为××电气设备生产厂投资新建的××厂房配套卫浴间。建筑面积为 64.47 m^2，建筑层数 1 层，砖混结构形式。基础采用条形砖基础，装修标准为一般装修，详见设计施工图中建筑设计施工说明的装饰做法表。 2.工程招标和分包范围 本工程按施工图纸范围招标（包括土建及结构工程、装饰装修工程）。除铝合金门 M0921 和塑钢推拉窗 C1215 采用二次专业设计，委托相关材料供应单位供应安装外，其他工程项目均采用施工总承包。 3.工程量清单编制依据 （1）《建设工程工程量清单计价规范》（GB 50500—2013）； （2）《房屋建筑与装饰工程工程量计算规范》（GB 50854—2013）； （3）2015 年《四川省建设工程工程量清单计价定额》（房屋建筑与装饰工程）分册、2015 年《四川省建设工程工程量清单计价定额》（爆破工程 建筑安装工程费用 附录）分册、《四川省住房和城乡建设厅关于印发〈建筑业营业税改征增值税四川省建设工程计价依据调整办法〉的通知》（川建造价发〔2016〕349 号）； （4）新建××厂房配套卫浴间设计施工图以及与工程相关的标准、规范等； （5）新建××厂房配套卫浴间招标文件。 4.工程、材料、施工等的特殊要求 （1）土建工程施工质量应满足《砌体工程施工质量验收规范》（GB 50203—2011）的规定。 （2）装饰工程施工质量应满足《建筑装饰装修工程质量验收标准》（GB 50210—2018）的规定。 （3）工程中内墙彩色釉面砖材料由甲方供料。甲方应对材料的规范、品质、采购等负责。材料到达工地现场，施工方应和甲方代表共同取样验收，合格后方能用于工程上。 5.其他需要说明的问题 本工程的税金计算参照 2015 年《四川省建设工程工程量清单计价定额》（爆破工程 建筑安装工程费用 附录）分册以及《四川省住房和城乡建设厅关于印发〈建筑业营业税改征增值税四川省建设工程计价依据调整办法〉的通知》（川建造价发〔2016〕349 号）。

任务 7　填写封面及装订

1) 实训目的

通过本次实训任务，学生应能达成以下能力目标：

①能口述建筑工程招标工程量清单封面上各栏目的具体含义；

②能根据工程实际情况填写建筑工程招标工程量清单封面；

③能对建筑工程招标工程量清单在编制过程中产生的成果文件进行整理和装订；

④能对建筑工程招标工程量清单在编制过程中产生的底稿文件进行整理和存档。

2）实训内容

①根据教师提供的卫浴间工程设计施工图、编制要求和招标文件相关规定，结合工程项目的实际情况填写建筑工程招标工程量清单封面；

②根据编制要求、招标文件相关规定和《建设工程工程量清单计价规范》（GB 50500—2013），对编制过程中已完成的所有成果文件进行整理和装订；

③本着积累资料、丰富经验的目的，对编制过程中产生的底稿文件进行整理和存档。

3）实训步骤与指导

完整的招标工程量清单封面应包括工程名称，招标人、工程造价咨询人（若招标人委托则有）的名称，招标人、造价咨询人（若招标人委托则有）的法定代表人或其授权人的签章，具体编制人和复核人的签章，以及具体的编制时间和复核时间。

需要注意的是，以上所说的编制人和复核人是指自然人，且编制人可以是符合各地规定的建设工程造价员和注册造价工程师，复核人只能是注册造价工程师。

根据《建设工程工程量清单计价规范》（GB 50500—2013），最后形成的招标工程量清单按相应顺序排列应为：

①招标工程量清单封面；

②招标工程量清单扉页；

③总说明；

④分部分项工程和单价措施项目清单表；

⑤总价措施项目清单表；

⑥其他项目清单表；

⑦暂列金额明细表；

⑧材料（工程设备）暂估单价表；

⑨专业工程暂估价表；

⑩计日工表；

⑪总承包服务费计价表；

⑫规费、税金项目清单表。

将上述相关表格装订成册，即成为完整的招标工程量清单文件。需要强调的是，招标人所用工程量清单表格与投标人报价所用表格是同一表格，招标人发布的表格中，除暂列金额、暂估价列有金额外，其他表格仅列出工程量，此招标工程量清单文件随同招标文件一同发布，作为投标报价的重要依据。

在编制过程中产生的底稿文件主要包括清单项目划分依据、清单工程量计算表、计日工工程量估算表等，上述资料也应整理和归档，留存电子版或纸质版，以备项目后期查用参照。

4）实训成果

招标工程量清单封面见表3.9。

表 3.9 招标工程量清单封面

<table>
<tr><td colspan="2">新建××厂房配套卫浴间工程

招标工程量清单</td></tr>
<tr><td>招标人：×× 电气设备生产厂
（单位盖章）</td><td>工程造价咨询人：××省××工程造价咨询有限公司
（单位资质专业章）</td></tr>
<tr><td>法定代表人
或其授权人：
（签字或盖章）</td><td>法定代表人
或其授权人：
（签字或盖章）</td></tr>
<tr><td>编制人：全国建设工程造价员 王×× 建筑0641×××× ××省××工程造价咨询有限公司 有效期至：2019年10月20日
（造价人员签字盖专用章）</td><td>复核人：中华人民共和国注册造价工程师 李× B 0144000×××× ××省××工程造价咨询有限公司 有效期至：2019年12月31日
（造价工程师签字盖专用章）</td></tr>
<tr><td>编制时间： 年 月 日</td><td>复核时间： 年 月 日</td></tr>
</table>

【实训考评】

编制建筑工程招标工程量清单的项目实训考评包含实训考核和实训评价两个方面。

(1)实训考核

实训考核是指实训教师在指导学生完成该项目时的具体考查核定方法，应从实训组织、实训方法、措施以及实训时间安排4个方面来体现，具体内容详见表3.10。

表 3.10　实训考核措施及原则

考核措施及原则	实训组织	实训方法	实训时间安排	
措施	划分实训小组 构建实训团队	手工计算 软件计算	内容	时间(天)
原则	学生自愿 人数均衡 团队分工明确 分享机制	两种方法任选其一 两种方法互相验证	布置任务,制订工作计划	1
			编制分部分项工程项目清单	4
			编制措施项目清单	1
			编制其他项目清单	1
			编制规费、税金项目清单	1
			编写总说明及填写封面	1
			清单整理、复核、装订	1

(2)实训评价

实训评价主要分为小组自评和教师评价两种方式,具体的评价办法参见表 3.11。

表 3.11　实训评价方法

评价方式	项目	具体内容	满分分值	占比
小组自评(20%)	专业技能		12	60%
	团队精神		4	20%
	创新能力		4	20%
教师评价(80%)	实训过程	团队意识	12	40%
		沟通协作能力	10	
		开拓精神	10	
	实训成果	内容完整性	8	40%
		格式规范性	8	
		方法适宜性	8	
		书写工整性	8	
	实训考勤	迟到	4	20%
		早退	4	
		缺席	8	

项目 4　编制建筑工程招标控制价

【实训案例】

(1)工程概况

本工程为新建××厂房配套卫浴间,属于××电气设备生产厂的附属配套建筑。建筑面积为 64.47 m^2,建筑层数 1 层,砖混结构形式。本项目设计施工图详见附录 4。

(2)编制要求

根据相关编制依据,从业主的角度对项目施工图包含的所有工作内容编制该工程的招标控制价。

(3)编制依据

①《建设工程工程量清单计价规范》(GB 50500—2013);

②《房屋建筑与装饰工程工程量计算规范》(GB 50854—2013);

③2015 年《四川省建设工程工程量清单计价定额》(房屋建筑与装饰工程)分册;

④2015 年《四川省建设工程工程量清单计价定额》(爆破工程 建筑安装工程费用 附录)分册;

⑤新建××厂房配套卫浴间工程设计施工图;

⑥新建××厂房配套卫浴间工程招标工程量清单;

⑦新建××厂房配套卫浴间工程常规施工方案;

⑧《四川省建设工程造价管理总站关于对成都市等 18 个市、州 2015 年〈四川省建设工程工程量清单计价定额〉人工费调整的批复》(川建价发〔2017〕49 号);

⑨《四川省住房和城乡建设厅关于印发〈建筑业营业税改征增值税四川省建设工程计价依据调整办法〉的通知》(川建造价发〔2016〕349 号);

⑩四川省工程造价管理机构发布的工程造价信息(2018 年 02 期)。

(4)招标控制价编制相关规定

①本工程为国有资金投资项目,由业主委托具备相应资质的工程造价咨询单位编制该工程的招标控制价;

②招标控制价应按照编制依据中所列的规范文件等相关规定编制,不应下调或上浮;

③招标控制价超过批准的概算时,招标人应将其报原概算审批部门审核;

④招标人应在发布招标文件时公布招标控制价,同时应将招标控制价及有关资料报送工程所在地或有该工程管辖权的工程造价管理机构备案。

【实训目标】

招标人可以自己编制建筑工程招标控制价,也可以委托具有相应资质的造价咨询单位编制。科学合理地编制建筑工程招标控制价,既可为招标人后期控制工程造价奠定重要基础,又可为投标人编制投标文件提供参考依据。

通过该实训项目,学生应达到以下要求:

①能理解建筑工程招标控制价的概念和意义;

②能理解建筑工程招标控制价的地位和作用;

③能运用设计施工图、清单计价计量规范、地方清单计价定额、相关设计及施工规范或图集等资料,编制建筑工程招标控制价。

任务1 编制招标控制价准备工作

1)实训目的

通过本次实训任务,学生应能达成以下能力目标:

①能根据设计施工图和项目的背景资料,结合工程项目的实际情况拟订项目的常规施工方案;

②能根据计量规范和标准施工招标文件,确定招标文件中与建筑工程造价相关的条款。

2)实训内容

(1)拟订项目的常规施工方案

根据教师提供的卫浴间工程设计施工图、编制要求和招标文件相关规定,结合工程项目的实际情况拟订项目的常规施工方案。

(2)确定招标文件中与建筑工程造价相关的条款

根据教师提供的卫浴间工程设计施工图,参照《房屋建筑与装饰工程工程量计算规范》(GB 50854—2013)、《中华人民共和国简明标准施工招标文件》(2012年版),并结合工程项目的实际情况确定招标文件中与建筑工程造价相关的条款。

3)实训步骤与指导

为了正确地拟订常规施工方案及确定招标文件中与建筑工程造价相关的条款,应做到以下几点:

(1)熟悉房屋建筑工程的常见施工工艺流程

对于招标控制价的编制者来说,要求其既掌握计量计价知识,也要掌握房屋建筑工程的常见施工工艺流程。学生应在日常的基础课程学习中,重视知识积累,善于知识拓展,敢于将书本上的知识联系到实际的实训操作中,这样才会收到较好的效果。

(2)熟悉计价定额项目的工作内容

将各地区计价定额项目的工作内容有机地串联起来,即可形成一份常规施工方案。快速清晰地确定常规施工方案，对于后续的综合单价组价有很大帮助。因此，熟悉计价定额项目的工作内容和拟订常规施工方案相辅相成，缺一不可。

(3)模拟身份，角色扮演

在编制招标控制价过程中，学生应假想自己是招标人或者招标人委托的造价咨询人，对在招标环节中的相关事宜进行清楚地说明，以避免投标人在理解招标文件时产生歧义。

4)实训成果

①拟订常规施工方案，见表 4.1。

表 4.1　新建××厂房配套卫浴间常规施工方案

工程名称：新建××厂房配套卫浴间　　　　第 1 页 共 1 页

序号	项目名称	专业分部工程	工作内容
1	平整场地	土石方工程	(1)土方开挖：将设计施工图中垫层底面标高作为最终开挖面标高进行开挖，开挖区域的土方类别为三类土；开挖深度在 2 m 以内，必要时采用放坡开挖。 (2)土方回填：本区域开挖土方的工程性质均良好，全部用作回填，压实系数控制在 95%以上；室内回填为房心回填，回填标高控制在室内地坪扣除装饰层厚度标高。 (3)余方弃置：运距考虑为运输至距离施工现场 5 km 外的弃土场
2	挖沟槽土方		
3	基础回填		
4	室内回填		
5	余方弃置		
6	基础垫层	基础工程	(1)地基验槽后，基础垫层采用 C20 商品混凝土原槽浇筑。 (2)浴室排水沟垫层采用 C15 商品混凝土原槽浇筑。 (3)砖基础采用 MU15 烧结页岩砖，采用铺浆法砌筑，砂浆采用 M7.5 砌筑水泥砂浆；砖墙水平灰缝和竖向灰缝宽度宜为10 mm，墙体与构造柱的交接处应留置马牙槎及拉结筋
7	浴室排水沟垫层		
8	砖基础		
9	实心砖墙	砌筑工程	实心砖墙和女儿墙均采用 MU15 烧结页岩砖，采用铺浆法砌筑，砂浆采用 M5 混合砂浆；砖墙水平灰缝和竖向灰缝宽度宜为 10 mm，墙体与构造柱的交接处应留置马牙槎及拉结筋
10	女儿墙		
11	浴室排水明沟 C25	钢筋混凝土工程	(1)浴室排水明沟、构造柱、矩形梁、混凝土地圈梁、圈梁、混凝土板和混凝土止水带均采用 C25 商品混凝土支模浇筑。 (2)现浇过梁采用 C20 商品混凝土支模浇筑。 (3)混凝土压顶采用 C15 商品混凝土支模浇筑。 (4)各浇筑基本过程为支模→浇筑商品混凝土→振捣→养护→拆除模板
12	构造柱 C25		
13	矩形梁 C25		
14	C25 混凝土地圈梁		
15	圈梁 C25		
16	现浇过梁 C20		
17	C25 混凝土板		
18	C15 混凝土压顶		
19	C25 混凝土止水带		

续表

<table>
<tr><th>序号</th><th>项目名称</th><th>专业分部工程</th><th>工作内容</th></tr>
<tr><td>20</td><td>成品雨篷</td><td rowspan="3">门窗及
附属工程</td><td rowspan="3">(1)门材料为铝合金平开门,采用成品采购,定位安装;
(2)窗材料为塑钢推拉窗,采用成品采购,定位安装</td></tr>
<tr><td>21</td><td>铝合金门 M0921</td></tr>
<tr><td>22</td><td>塑钢推拉窗 C1215</td></tr>
<tr><td>23</td><td>保温隔热屋面</td><td rowspan="6">装饰装修工程</td><td rowspan="6">外墙面涂料施工:清理基层,修补→满刮腻子两遍→金属氟碳漆,一遍成活。
砖地面施工:清理基层→浇筑 C10 混凝土垫层→铺设玻纤布→水乳型橡胶沥青涂料三遍涂层→找平层施工→预铺砖→铺贴块料→养护→勾缝→清理。
砖墙面施工:清理基层→找平层施工→铺贴块料→养护→勾缝→清理。
条板吊顶施工:弹线→安装吊杆→安装专用龙骨→安装铝合金条板。
屋面保温隔热施工:清理基层→制备水泥焦渣→铺设水泥焦渣(应满足 2%的坡度要求)</td></tr>
<tr><td>24</td><td>平面砂浆找平层</td></tr>
<tr><td>25</td><td>防滑彩色釉面砖地面</td></tr>
<tr><td>26</td><td>彩釉砖内墙面</td></tr>
<tr><td>27</td><td>铝合金条板吊顶</td></tr>
<tr><td>28</td><td>外墙面喷刷涂料</td></tr>
<tr><td>29</td><td>屋面卷材防水</td><td rowspan="3">防水排水工程</td><td rowspan="3">屋面防水排水:采用有组织排水,设 PVC 水落管,卡箍安装;屋面铺设 Ⅰ 型 SBS 改性沥青防水卷材;浇筑 1 : 2 水泥砂浆刚性保护层</td></tr>
<tr><td>30</td><td>屋面刚性层</td></tr>
<tr><td>31</td><td>屋面排水管</td></tr>
</table>

②确定招标文件中与建筑工程造价相关的条款,见表 4.2。

表 4.2　新建××厂房配套卫浴间工程招标文件(摘录)

工程名称:新建××厂房配套卫浴间　　　　第 1 页 共 1 页

一、招标公告

1.项目概况及招标范围:本次招标项目为新建××厂房配套卫浴间工程,项目建设地点位于××电气设备生产厂。该工程项目为单层民用建筑,建筑面积为 64.47 m^2,计划工期为 60 天。本工程按设计施工图纸范围公开招标,发承包方式为施工总承包。

2.本次招标要求投标人须具备房屋建筑工程施工总承包企业三级资质,具备同类型项目施工的相关业绩,并在人员、设备、资金等方面具有相应的施工能力。

……

二、投标人须知

1.该工程建设资金来源为业主自筹。

2.在投标截止时间 20 天前,招标人可以书面形式修改招标文件,并通知所有已购买招标文件的投标人。如果修改招标文件的时间距投标截止时间不足 15 天,相应延长投标截止时间。

3.在投标有效期内,投标人不得要求撤销或修改其投标文件。

……

任务2 计算计价工程量并确定综合单价

1)实训目的

通过本次实训任务,学生应能达成以下能力目标:

①能科学合理地套用定额并计算计价工程量;

②能科学合理地确定各分部分项工程项目和单价措施项目的综合单价。

2)实训内容

(1)套用定额并计算计价工程量

根据教师提供的卫浴间工程设计施工图、编制要求和招标文件相关规定,参照2015年《四川省建设工程工程量清单计价定额》(房屋建筑与装饰工程)分册,并结合工程项目的实际情况套用定额和计算计价工程量。

(2)确定综合单价

根据教师提供的卫浴间工程设计施工图、编制要求和招标文件相关规定,参照《房屋建筑与装饰工程工程量计算规范》(GB 50854—2013)、2015年《四川省建设工程工程量清单计价定额》(房屋建筑与装饰工程)分册,结合已拟订的常规施工方案,确定各分部分项工程项目和单价措施项目的综合单价。

3)实训步骤与指导

综合单价的组价是确定分部分项工程费的先决条件。确定综合单价的步骤如下:

①依据提供的招标工程量清单和设计施工图,按照2015年《四川省建设工程工程量清单计价定额》(房屋建筑与装饰工程)分册,确定清单项目所需组合的计价项目,并根据计价定额的计算规则计算出计价工程量;

②依据工程造价信息确定其人工、材料、机械台班单价,企业管理费和利润,按规定程序计算出清单项目包含的定额项目合价;

③将定额项目合价与可能涉及的未计价材料费相加除以清单项目工程量,便得到分部分项清单项目综合单价。

下面举例确定实训案例分部分项清单项目的综合单价。

试确定"实心砖墙;防潮层以上"(010401003007)、"铝合金条板吊顶"(011302001031)的综合单价。根据项目的项目特征和施工做法进行定额套用和综合单价组价,参照2015年《四川省建设工程工程量清单计价定额》(房屋建筑与装饰工程)分册,"实心砖墙;防潮层以上"(010401003007)项目的综合单价分析见表4.3,所套用的定额项目见分表4.3.1;"铝合金条板吊顶"(011302001031)项目的综合单价分析见表4.4,所套用的定额项目见分表4.4.1和分表4.4.2。

表 4.3 实心砖墙;防潮层以上清单项目综合单价分析表

工程名称:新建××厂房配套卫浴间　　　　第 1 页 共 1 页

<table>
<tr><td colspan="2">项目编码</td><td>010401003007</td><td>项目名称</td><td colspan="2">实心砖墙;
防潮层以上</td><td>计量单位</td><td>m^3</td><td>工程量</td><td>37.55</td></tr>
<tr><td colspan="12">清单综合单价组成明细</td></tr>
<tr><td rowspan="2">定额编号</td><td rowspan="2">定额项目名称</td><td rowspan="2">定额单位</td><td rowspan="2">数量</td><td colspan="4">单价(元)</td><td colspan="4">合价(元)</td></tr>
<tr><td>人工费</td><td>材料费</td><td>机械费</td><td>管理费和利润</td><td>人工费</td><td>材料费</td><td>机械费</td><td>管理费和利润</td></tr>
<tr><td>AD0020 换</td><td>砖墙混合砂浆(特细砂)M5</td><td>10 m^3</td><td>0.1</td><td>1 696.74</td><td>2 770.80</td><td>7.44</td><td>205.02</td><td>169.67</td><td>277.08</td><td>0.74</td><td>20.50</td></tr>
<tr><td colspan="2">人工单价</td><td colspan="6">小计</td><td>169.67</td><td>277.08</td><td>0.74</td><td>20.50</td></tr>
<tr><td colspan="2">元/工日</td><td colspan="6">未计价材料费</td><td colspan="4"></td></tr>
<tr><td colspan="8">清单项目综合单价</td><td colspan="4">468.00</td></tr>
<tr><td rowspan="9">材料费明细</td><td colspan="5">主要材料名称、规格、型号</td><td>单位</td><td>数量</td><td>单价(元)</td><td>合价(元)</td><td>暂估单价(元)</td><td>暂估合价(元)</td></tr>
<tr><td colspan="5">混合砂浆(特细砂)M5</td><td>m^3</td><td>0.224</td><td>285.12</td><td>63.87</td><td></td><td></td></tr>
<tr><td colspan="5">MU15 烧结页岩砖</td><td>千匹</td><td>0.531</td><td>400.00</td><td>212.40</td><td></td><td></td></tr>
<tr><td colspan="5">水泥 32.5</td><td>kg</td><td>[41.888]</td><td>0.375</td><td>(15.71)</td><td></td><td></td></tr>
<tr><td colspan="5">石灰膏</td><td>m^3</td><td>[0.0314]</td><td>145.00</td><td>(4.55)</td><td></td><td></td></tr>
<tr><td colspan="5">特细砂</td><td>m^3</td><td>[0.2643]</td><td>165.00</td><td>(43.61)</td><td></td><td></td></tr>
<tr><td colspan="5">水</td><td>m^3</td><td>0.1212</td><td>3.15</td><td>0.38</td><td></td><td></td></tr>
<tr><td colspan="7">其他材料费</td><td>—</td><td>0.432 0</td><td>—</td><td></td></tr>
<tr><td colspan="7">材料费小计</td><td>—</td><td>277.08</td><td>—</td><td></td></tr>
</table>

注:上述确定综合单价的过程中参照的计价定额为 2015 年《四川省建设工程工程量清单计价定额》(房屋建筑与装饰工程)分册,材料单价参照四川省工程造价管理机构发布的工程造价信息(2018 年第 02 期)确定。

分表 4.3.1 砖墙混合砂浆

工作内容:1.调、运、铺砂浆;2.安放木砖、铁件、砌砖。　　　　单位:10 m^3

<table>
<tr><td>定额编号</td><td>AD0020</td><td>AD0021</td><td>AD0022</td></tr>
<tr><td rowspan="3">项目</td><td colspan="3">砖墙</td></tr>
<tr><td colspan="3">混合砂浆(特细砂)</td></tr>
<tr><td>M5</td><td>M7.5</td><td>M10</td></tr>
<tr><td>基价</td><td>4 012.19</td><td>4 043.77</td><td>4 075.35</td></tr>
</table>

续表

定额编号				AD0020	AD0021	AD0022
其中	人工费(元)			1 315.30	1 315.30	1 315.30
	材料费(元)			2 484.44	2 516.02	2 547.60
	机械费(元)			7.44	7.44	7.44
	综合费(元)			205.02	205.02	205.02
名称		单位	单价(元)	数量		
材料	混合砂浆(特细砂)M5	m^3	157.90	2.240	—	—
	混合砂浆(特细砂)M7.5	m^3	172.00	—	2.240	—
	混合砂浆(特细砂)M10	m^3	186.10	—	—	2.240
	标准砖	千匹	400.00	5.310	5.310	5.310
	水泥 32.5	kg		(418.880)	(519.680)	(620.480)
	石灰膏	m^3		(0.314)	(0.246)	(0.179)
	特细砂	m^3		(2.643)	(2.643)	(2.643)
	水	m^3	2.00	1.212	1.212	1.212
	其他材料费	m^3		4.320	4.320	4.320

表4.4　铝合金条板吊顶清单项目综合单价分析表

工程名称:新建××厂房配套卫浴间　　　　第1页 共1页

项目编码		011302001031		项目名称		铝合金条板吊顶	计量单位	m^2	工程量	50.88
清单综合单价组成明细										
定额编号	定额项目名称	定额单位	数量	单价(元)				合价(元)		
				人工费	材料费	机械费	管理费和利润	人工费	材料费	机械费	管理费和利润
AN0122换	天棚吊顶 铝合金扣板天棚 面层条形	100 m^2	0.01	986.40	4 204.00	—	229.40	9.86	42.04	—	2.29
AN0074	天棚吊顶 铝合金格片式龙骨间距 150 mm	100 m^2	0.01	810.44	2 664.85	—	188.48	8.10	26.65	—	1.88
人工单价		小计						17.96	68.69		4.17
元/工日		未计价材料费									
清单项目综合单价								90.84			

续表

项目编码		011302001031	项目名称	铝合金条板吊顶		计量单位	m^2	工程量	50.88
材料费明细	主要材料名称、规格、型号			单位	数量	单价（元）	合价（元）	暂估单价（元）	暂估合价（元）
	0.5~0.8 mm 厚铝合金条板			m^2	1.020 4	40.00	40.82		
	锯材 综合			m^3	0.000 2	2 200.00	0.44		
	铝合金格式龙骨			m^2	1.020 4	25.00	25.51		
	加工铁件			kg	0.002	5.50	0.01		
	预埋铁件			kg	0.2	5.50	1.10		
	其他材料费					—	0.81		
	材料费小计					—	68.69		

注：上述确定综合单价的过程中参照的计价定额为2015年《四川省建设工程工程量清单计价定额》（房屋建筑与装饰工程）分册，材料价格参照四川省工程造价管理机构发布的工程造价信息（2018年第02期）确定。

分表 4.4.1　铝合金扣板天棚面层

工作内容：1.定位、放线、选料、下料、贴（安装）面层；2.安装收边线。　　单位：见表

定额编号				AN0121	AN0122	AN0123
项目				铝合金扣板天棚面层		
				方形	条形	收边线
				100 m^2		100 m
基价				5 006.45	5 178.05	761.20
其中	人工费（元）			632.65	764.65	264.00
	材料费（元）			4 184.00	4 184.00	418.00
	机械费（元）			—	—	—
	综合费（元）			189.80	229.40	79.20
名称		单位	单价（元）	数量		
材料	铝合金扣板 G100 条形 0.6 mm 厚	m^2	40.00	102.000	102.000	—
	小铝条宽 17 mm	m	4.00	—	—	103.000
	锯材 综合	m^3	1 200.00	0.020	0.020	—
	其他材料费	元	—	80.000	80.000	6.000

分表 4.4.2　天棚吊顶

工作内容:1.定位、放线、选料、下料、贴(安装)面层;2.安装收边线。　　单位:100 m^2

定额编号				AN0073	AN0074	AN0075
项目				天棚吊顶		
				铝合金格片式龙骨		
				间距		
				100	150	200
基价				3 564.23	3 471.48	3 389.38
其中	人工费(元)			699.60	628.25	565.10
	材料费(元)			2 654.75	2 654.75	2 654.75
	机械费(元)			—	—	—
	综合费(元)			209.88	188.48	169.53
名称		单位	单价(元)	数量		
材料	铝合金格式龙骨	m^2	25.00	102.000	102.000	102.000
	加工铁件	kg	5.00	0.200	0.200	0.200
	预埋铁件	kg	5.00	20.000	20.000	20.000
	其他材料费	元		3.750	3.750	3.750

由表4.3、表4.4可得,“实心砖墙;防潮层以上”(010401003007)的综合单价是468.00元/m^3,“铝合金条板吊顶”(011302001031)的综合单价是90.84元/m^2。具体计算过程如下:

(1)“实心砖墙;防潮层以上”(010401003007)

$$数量 = \frac{定额工程量}{清单工程量 \times 定额单位} = \frac{37.55}{37.55 \times 10} = 0.1$$

单价中的人工费=定额人工费×(1+人工费上调系数)

=1 315.30×(1+29%)≈1 696.74(元/10 m^3)

注:该人工费上调系数参照《四川省建设工程造价管理总站关于对成都市等18个市、州2015年〈四川省建设工程工程量清单计价定额〉人工费调整的批复》(川建价发〔2017〕49号)确定,下同。

单价中的材料费=$\sum$(各种材料的消耗量×各种材料的单价)=2.24×285.12+5.31×400.00+1.212×3.15+4.320=2 770.80(元/10 m^3)

注:原材料及半成品材料单价参照四川省工程造价管理机构发布的工程造价信息(2018年02期)确定,下同。

单价中的机械费和单价中的综合费不变。

合价中的人工费=数量×单价中的人工费=0.1×1 696.74=169.674(元/m^3)

合价中的材料费 = 数量×单价中的材料费 = 0.1×2 770.80 = 277.080(元/m^3)

合价中的机械费 = 数量×单价中的机械费 = 0.1×7.44 = 0.744(元/m^3)

合价中的综合费 = 数量×单价中的综合费 = 0.1×205.02 = 20.502(元/m^3)

"实心砖墙;防潮层以上"的综合单价 = 人工费 + 材料费 + 机械费 + 综合费 = 169.674 + 277.080+0.744+20.502≈468.00(元/m^3)

(2)铝合金条板吊顶(011302001031)

①定额编号 AN0122。

$$数量 = \frac{定额工程量}{清单工程量 \times 定额单位} = \frac{50.88}{50.88 \times 100} = 0.01$$

单价中的人工费 = 定额人工费×(1+人工费上调系数)

= 764.65×(1+29%)≈986.40(元/100 m^2)

单价中的材料费 = $\sum$(各种材料的消耗量×各种材料的单价) = 102.00×40.00+0.02×2 200.00+80.00 = 4 204.00(元/100 m^2)

单价中的综合费不变。

合价中的人工费 = 数量×单价中的人工费 = 0.01×986.40 = 9.864(元/m^2)

合价中的材料费 = 数量×单价中的材料费 = 0.01×4 204.00 = 42.040(元/m^2)

合价中的综合费 = 数量×单价中的综合费 = 0.01×229.40 = 2.294(元/m^2)

定额编号 AN0122 的综合单价 = 人工费 + 材料费 + 机械费 + 综合费 = 9.864 + 42.040 + 0 + 2.294 = 54.198(元/m^2)

②定额编号 AN0074。

$$数量 = \frac{定额工程量}{清单工程量 \times 定额单位} = \frac{50.88}{50.88 \times 100} = 0.01$$

单价中的人工费 = 定额人工费×(1+人工费上调系数)

= 628.25×(1+29%)≈810.44(元/100 m^2)

单价中的材料费 = $\sum$(各种材料的消耗量×各种材料的单价) = 102.00×25.00+0.20×5.50+20.00×5.50+3.75 = 2 664.85(元/100 m^2)

单价中的综合费不变。

合价中的人工费 = 数量×单价中的人工费 = 0.01×810.44≈8.104(元/m^2)

合价中的材料费 = 数量×单价中的材料费 = 0.01×2 664.85≈26.649(元/m^2)

合价中的综合费 = 数量×单价中的综合费 = 0.01×188.48≈1.885(元/m^2)

定额编号 AN0074 的综合单价 = 人工费 + 材料费 + 机械费 + 综合费 = 8.104 + 26.649 + 0 + 1.885 = 36.638(元/m^2)

"铝合金条板吊顶"的综合单价 = 54.198+36.638≈90.84(元/m^2)

4)实训成果

根据分部分项工程项目清单和单价措施项目清单、常规施工方案等考虑应套用的定额项目,并计算计价工程量,详见表 4.5。

表4.5 计价工程量计算表

工程名称:新建××厂房配套卫浴间　　　　第1页 共1页

序号	定额编号	项目名称	单位	工程量	计算式	备注
1	AA0001	平整场地	m^2	64.47	(3.73+0.24)×(16+0.24)	
2	AA0004	挖沟槽土方 沟槽(底宽≤3 m)深度≤2 m	m^3	88.86	{(3.73+16)×2+[(3.73−0.6)+(1.8−0.3)×2]×2+(3.73−0.6)}×(0.6+0.3×2)×(1.5−0.15)	
3	AA0081	基础回填	m^3	64.86	88.86−{[0.24×(−0.15+1.25)+0.06×0.12×2]×56.65+8.23}	
4	AA0081	室内回填	m^3	8.85	[(3.73−0.24)×(3−0.24)+(1.8−0.24)×(1.8−0.24)+(3.73−0.24)×(2.4−0.24)+(1.93−0.24)×1.8+(3.73−0.24)×(3.7−0.24)+(1.93−0.24)×1.8+(1.8−0.24)×(1.8−0.24)+(3.73−0.24)×(3.3−0.24)]×(0.3−0.126)	
5	AA0087	机械运土方,总运距≤10 km 运距≤1 000 m	m^3	15.15	88.86−64.86−8.85	
6	AA0088换	机械运土方,总运距≤10 km 每增运1 000 m	m^3	15.15	88.86−64.86−8.85	
7	AD0002换	砖基础水泥砂浆(细砂)M7.5	m^3	14.07	{0.24×[0.15−(−1.25)]+0.12×0.06×2}×56.65−2.45−1.29−2.04	
8	AL0069换	楼地面找平层 水泥砂浆(中砂)厚度20 mm 在混凝土及硬基层上1∶2	m^2	13.53	(3.73+16)×2×0.24+[(3.73−0.6)+(1.8−0.3)×2]×2+(3.73−0.6)×0.24	
9	AD0020换	实心砖墙混合砂浆(特细砂)M5	m^3	37.55	[(3.75−0.15−0.18)×(39.46+17.19)−7.56−7.2−1.56×2.1×2]×0.24−0.35−3.48	
10	AD0020换	女儿墙混合砂浆(特细砂)M5	m^3	2.87	0.24×39.46×0.34−0.35	
11	AE0017	基础垫层 商品混凝土C20	m^3	8.23	{(3.73+16)×2+[(3.73−0.6)+(1.8−0.3)×2]×2+(3.73−0.6)}×0.6×0.25	
12	AE0016	浴室排水沟垫层 商品混凝土C15	m^3	0.52	0.65×0.1×(2.73+3.19−0.65+2.73)	

续表

序号	定额编号	项目名称	单位	工程量	计算式	备注
13	AE0094 换	商品混凝土构造柱 C25	m^3	4.92	防潮层以下： GZ1：0.24×0.24×(1.25+0.15−0.18−0.15)×9+0.03×0.24×(1.25+0.15−0.18−0.15)×(3×3+2×6) GZ2：0.2×0.24×(1.25+0.15−0.18−0.15)×5+0.03×0.24×(1.25+0.15−0.18−0.15)×3×5 [1.09] 防潮层以上： GZ1：0.24×0.24×(3.75−0.15−0.18)×9+0.03×0.24×(3.75−0.15−0.18)×(3×3+2×6) GZ2：0.2×0.24×(3.75−0.15−0.18)×5+0.03×0.24×(3.75−0.15−0.18)×3×5 [3.48] 女儿墙处： GZ1：0.24×0.24×0.34×9+0.03×0.24×0.34×(3×3+2×6) GZ2：0.2×0.24×0.34×5+0.03×0.24×0.34×3×5 [0.35] 合计：1.09+3.48+0.35=4.92	
14	AE0112	矩形梁商品混凝土 C25	m^3	0.20	0.24×0.25×(3.73−1.8−0.24)×2	
15	AE0112	地圈梁商品混凝土 C25	m^3	2.45	0.24×0.18×{(3.73+16)×2+[(3.73−0.24)+(1.8−0.12)×2]×2+(3.73−0.24)}	
16	AE0112	圈梁商品混凝土 C25	m^3	2.45	0.24×0.18×{(3.73+16)×2+[(3.73−0.24)+(1.8−0.12)×2]×2+(3.73−0.24)}	
17	AE0144	现浇混凝土过梁(中砂)C20	m^3	0.35	0.24×0.12×1.5×4+0.24×0.18×2.06×2	
18	AE0232	无梁板商品混凝土 C25	m^3	4.72	(3.73−0.24)×(3−0.24)×0.1+(1.8−0.24)×(1.8−0.24)×0.08+[(3.73−0.24)×(2.4−0.24)+(1.93−0.24)×1.8]×0.08+(3.73−0.24)×(3.7−0.24)×0.1+(1.93−0.24)×1.8×0.08+(1.8−0.24)×(1.8−0.24)×0.08+(3.73−0.24)×(3.3−0.24)×0.1	
19	AE0318 换	现浇混凝土地沟、电缆沟(中砂)C25	m^3	1.09	8.35×0.13	
20	AE0322 换	现浇混凝土压顶、扶手(中砂)C15	m^3	0.65	(0.06+0.05)×0.3×0.5×39.46	
21	AE0336	现浇混凝土零星项目(中砂)C25	m^3	2.04	0.24×0.15×(39.46+17.19)	
22	AQ0083	雨篷夹胶玻璃简支式(点支式)	m^2	4.5	2.5×0.9×2	

续表

序号	定额编号	项目名称	单位	工程量	计算式	备注
23	AJ0022 换	屋面卷材防水 弹性体(SBS)改性沥青卷材	m^2	66.55	55+(3.73−0.24+16−0.24)×2×0.3	
24	AL0065	楼地面找平层 水泥砂浆(中砂) 厚度 20 mm 在填充材料上 1∶2	m^2	66.55	55+(3.73−0.24+16−0.24)×2×0.3	
25	AL0077	楼地面找平层 水泥砂浆(中砂) 每增减厚度 5 mm 1∶2	m^2	66.55	55+(3.73−0.24+16−0.24)×2×0.3	
26	AJ0106	屋面排水塑料山墙出水口(带水斗)ϕ160	个	1.00	1	
27	AJ0093	屋面排水塑料水落管 ϕ160	m	7.80	3.9×2	
28	AJ0092 换	屋面排水塑料水落管 ϕ110	m	1.00	1.00	
29	AK0015 换	保温隔热屋面水泥焦渣	m^3	3.30	[55+(3.73−0.24+16−0.24)×2×0.3]×0.05	
30	AL0070	楼地面找平层 水泥砂浆(中砂) 厚度 20 mm 在混凝土及硬基层上 1∶3	m^2	55.00	(3.73−0.24)×(16−0.24)	
31	AE0007	楼地面混凝土垫层(中砂)C10	m^3	5.09	50.88×0.1	
32	AJ0042	屋面涂膜防水 水乳型橡胶沥青涂料一布二涂(隔气层)	m^2	72.51	50.88+0.9×0.24×4+69.23×0.3	
33	AJ0043 换	屋面涂膜防水 水乳型氯丁橡胶沥青涂料涂膜厚 2 mm	m^2	72.51	50.88+0.9×0.24×4+69.23×0.3	
34	AL0114 换	地砖楼地面(≤300 mm×300 mm)	m^2	51.74	50.88+0.9×0.24×4	

续表

序号	定额编号	项目名称	单位	工程量	计算式	备注
35	AM0103	立面砂浆找平层 水泥砂浆(特细砂)厚度 13 mm 1∶3	m^2	214.83	①(3.73−0.24−0.006×2+3−0.24−0.006×2)×2×3.5−1.2×1.5−0.9×2.1 [39.892] ②[(1.8−0.24−0.006×2)×4×3.5−1.56×2.1−0.9×2.1×2]×2 [29.232] ③[2.4−0.24−0.006×2+3.73−0.24−0.006×2+4.2−0.24−0.006×2+1.9−0.24−0.006×2+(1.8−0.12−0.006)×2]×3.5−0.9×2.1−1.2×1.5 [47.305] ④(3.73−0.24−0.006×2+3.3−0.24−0.006×2)×2×3.5−1.2×1.5−0.9×2.1 [41.992] ⑤[3.7−0.24−0.006×2+3.73−0.24−0.006×2+5.5−0.24−0.006×2+1.9−0.24−0.006×2+(1.8−0.12−0.006)×2]×3.5−0.9×2.1−1.2×1.5 [56.405] 合计:39.892+29.232+47.305+41.992+56.405=214.83	
36	AM0109 换	立面砂浆找平层 水泥砂浆(特细砂)厚度每增减 1 mm 1∶3	m^2	214.83	同上	
37	AM0285 换	块料墙面 内墙面砖 砂浆粘贴≤600 mm×600 mm 中砂	m^2	214.83	同上	
38	AN0122 换	天棚吊顶 铝合金扣板天棚 面层条形	m^2	50.88	50.88	
39	AN0074	天棚吊顶 铝合金格片式龙骨 间距 150 mm	m^2	50.88	50.88	
40	AM0100	立面砂浆找平层 水泥砂浆(中砂)厚度 13 mm 1∶3	m^2	159.21	(3.73+0.24+16+0.24)×2×(4.15+0.15)−2.8×0.15×2−1.2×1.5×4−1.56×2.1×2	
41	AP0306	外墙及天棚抹灰面(氟碳漆成活)	m^2	159.21	同上	
42	AM0098	立面砂浆找平层 水泥砂浆(中砂)厚度 13 mm 1∶2	m^2	159.21	同上	
43	AM0104 换	立面砂浆找平层 水泥砂浆(中砂)厚度每增减 1 mm 1∶2	m^2	159.21	同上	

任务3 编制分部分项工程量清单与计价表和单价措施项目清单与计价表

1)实训目的

通过本次实训任务,学生应能达成以下能力目标:

①能科学合理地编制分部分项工程量清单与计价表;

②能科学合理地编制单价措施项目清单与计价表。

2)实训内容

(1)编制分部分项工程量清单与计价表

根据教师提供的卫浴间工程设计施工图、编制要求和招标文件相关规定,参照《建设工程工程量清单计价规范》(GB 50500—2013)、《房屋建筑与装饰工程工程量计算规范》(GB 50854—2013),并结合工程项目的实际情况编制分部分项工程量清单与计价表。

(2)编制单价措施项目清单与计价表

根据教师提供的卫浴间工程设计施工图、编制要求和招标文件相关规定,参照《建设工程工程量清单计价规范》(GB 50500—2013)、《房屋建筑与装饰工程工程量计算规范》(GB 50854—2013),并结合工程项目的实际情况编制单价措施项目清单与计价表。

3)实训步骤与指导

当确定了分部分项工程项目的综合单价以后,将所得出的综合单价填入分部分项工程量清单与计价表中,将综合单价与招标工程量清单中列出的工程量相乘,即可得到每个分部分项工程项目清单的合价。

以"量"计算的单价措施项目也应先确定综合单价,确定综合单价的方法与确定分部分项工程项目的综合单价类似,这里不再赘述。

当确定了单价措施项目的综合单价以后,将所得出的综合单价填入单价措施项目清单与计价表中,将综合单价与招标工程量清单中列出的工程量相乘,即可得到每个单价措施项目的合价。

4)实训成果

(1)编制分部分项工程量清单与计价表

分部分项工程量清单与计价表,见表4.6。表格中定额人工费的具体计算过程如下:

$$定额人工费 = 数量 \times 单价中定额人工费 \times 清单工程量$$

例如,"实心砖墙;防潮层以上"的定额人工费=0.1×1 315.30×37.55≈4 938.95(元)

表 4.6　分部分项工程量清单与计价表

工程名称:新建××厂房配套卫浴间　　　　　　第　页共　页

序号	项目编码	项目名称	项目特征	计量单位	工程量	金额(元)		
						综合单价	合价	定额人工费
1	010101001001	平整场地	1.土壤类别:三类土 2.弃、取土运距:投标人自行考虑	m^2	64.47	1.24	79.94	29.66
2	010101003002	挖沟槽土方	1.土壤类别:综合 2.挖土深度:2 m 以内 3.弃土运距:投标人自行考虑	m^3	88.86	20.23	1 797.64	1 231.60
3	010103001003	基础回填	1.密实度要求:符合设计及施工规范 2.填方材料品种:符合工程性质的土 3.填方来源、运距:投标人自行考虑	m^3	64.86	9.88	640.82	361.92
4	010103001004	室内回填	1.土质要求:一般土壤 2.密实度要求:按规范要求,夯填 3.运距:投标人自行考虑	m^3	8.85	9.89	87.53	49.38
5	010103002005	余方弃置	1.土质要求:一般土壤 2.密实度要求:按规范要求,夯填 3.运距:投标人自行考虑	m^3	15.15	9.62	145.74	19.24
6	010401001006	砖基础	1.砖品种、规格、强度等级:MU15 烧结页岩砖 2.基础类型:砖基础 3.砂浆强度等级:M7.5 水泥砂浆 4.防潮层材料种类:1∶2水泥砂浆防潮层加 3%～5% 防水剂	m^3	14.07	444.19	6 249.75	1 531.10
7	010401003007	实心砖墙;防潮层以上	1.砖品种、规格、强度等级:MU15 烧结页岩砖 2.墙体类型:实心砖墙 3.砂浆强度等级、配合比:M5 混合砂浆	m^3	37.55	468.00	17 573.40	4 938.95

续表

序号	项目编码	项目名称	项目特征	计量单位	工程量	金额(元)		
						综合单价	合价	定额人工费
8	010401003008	女儿墙	1.砖品种、规格、强度等级:MU15烧结页岩砖 2.墙体类型:女儿墙 3.砂浆强度等级、配合比:M5混合砂浆	m^3	2.87	468.00	1 343.16	377.49
9	010404001009	基础垫层	垫层材料种类、配合比、厚度:C20,250 mm	m^3	8.23	471.26	3 878.47	183.61
10	010501001010	浴室排水沟垫层	垫层材料种类、配合比、厚度:C15	m^3	0.52	461.13	239.79	11.60
11	010502002011	构造柱	混凝土强度等级:C25	m^3	4.92	496.30	2 441.80	161.18
12	010503002012	矩形梁	混凝土强度等级:C25	m^3	0.20	487.40	97.48	5.34
13	010503004013	C25混凝土地圈梁	混凝土强度等级:C25	m^3	2.45	487.40	1 194.13	65.39
14	010503004014	圈梁	混凝土强度等级:C25	m^3	2.45	487.40	1 194.13	65.39
15	010503005015	现浇过梁	混凝土强度等级:C20	m^3	0.35	446.06	156.12	26.83
16	010505002016	C25混凝土板	混凝土强度等级:C25	m^3	4.72	488.87	2 307.47	126.54
17	010507003017	浴室排水明沟	1.沟截面:净空250 mm×450 mm,壁厚100 mm 2.垫层材料种类、厚度:C10混凝土,厚度100 mm 3.混凝土强度等级:C25 4.其他:上部塑料箅子	m	8.35	63.62	531.23	66.88
18	010507005018	C15混凝土压顶	混凝土强度等级:C15	m^3	0.65	473.05	307.48	60.83
19	010507007019	C25混凝土止水带	1.构件类型:C25混凝土止水带 2.构件规格:150 mm高,同墙宽,C25混凝土挡水 3.混凝土强度等级:C25	m^3	2.04	511.64	1 043.75	192.41
20	010607003020	成品雨篷	材料品种、规格:详见07J501-1-12-JP1-1527(a),尺寸改为1 500 mm×900 mm	m^2	4.5	1 173.08	5 278.86	446.54

续表

序号	项目编码	项目名称	项目特征	计量单位	工程量	金额(元)		
						综合单价	合价	定额人工费
21	010902001021	屋面卷材防水	防水层做法:4 mm 厚 SBS 改性沥青防水卷材(Ⅰ型)	m^2	66.55	41.54	2 764.49	415.27
22	010902003022	屋面刚性层	1.刚性层厚度:25 mm 厚 2.砂浆强度等级:1∶2 水泥砂浆保护层(掺聚丙烯纤维)	m^2	66.55	23.67	1 575.24	515.76
23	010902004023	屋面排水管	1.排水管品种、规格:PVC,*DN*100 2.雨水斗、山墙出水口品种、规格:详见西南 11J201-50-2 和西南 11J201-53-1	m	7.8	52.72	411.22	64.35
24	010902004024	溢流管	排水管品种、规格:*DN*50 塑料管 1 根	m	1.00	21.88	21.88	5.02
25	011001001025	保温隔热屋面	保温隔热材料品种、规格、厚度:最薄处 50 mm 厚 1∶6 水泥焦渣(i=2%)	m^2	55.00	16.57	911.35	285.45
26	011101006026	平面砂浆找平层	找平层厚度、砂浆配合比:20 mm 厚 1∶3 水泥砂浆找平层	m^2	55.00	16.00	880.00	324.50
27	011102003027	防滑彩色釉面砖地面	1.垫层:100 mm 厚 C10 混凝土垫层 2.防水层:改性沥青一布四涂 3.黏结层:20 mm 厚 1∶2 干硬性水泥砂浆黏合层 4.面层:6 mm 厚防滑彩色釉面砖,水泥浆擦缝 5.其他:详见西南 11J312-3122DB1	m^2	51.74	195.61	10 120.86	2 605.63
28	011204003028	彩釉砖内墙面	1.墙体类型:内墙面 2.安装方式:黏结 3.10 mm 厚 1∶3 水泥砂浆打底扫毛 4.8 mm 厚 1∶2 水泥砂浆黏结层 5.6 mm 厚彩色釉面砖,勾缝剂擦缝 6.其他:详见西南 11J515-N11	m^2	214.83	117.21	25 180.22	7 806.92

续表

序号	项目编码	项目名称	项目特征	计量单位	工程量	金额(元)		
						综合单价	合价	定额人工费
29	011302001029	铝合金条板吊顶	1.吊顶形式、吊杆规格、高度:ϕ8钢筋吊杆,双向吊顶,中距900~1 200 mm 2.龙骨材料种类、规格、中距:专用龙骨,中距<300~600 mm 3.面层材料品种、规格:0.5~0.8 mm厚铝合金条板,中距100,150,200 mm等 4.其他:详见11J515-P10	m^2	50.88	90.84	4 621.94	708.76
30	011407001030	外墙面喷刷涂料	1.基层类型:天棚面一般抹灰面 2.腻子种类:石膏粉腻子 3.刮腻子要求:清理基层,修补,砂纸打磨,满刮腻子两遍 4.涂料种类:详见建施图 5.其他:详见11J515-P05	m^2	159.21	91.54	14 574.08	8 138.82
合　计							107 649.97	30 822.36

(2)编制单价措施项目清单与计价表

单价措施项目清单与计价表,见表4.7。表格中定额人工费的具体计算过程如下:

定额人工费 = 数量 × 单价中定额人工费 × 清单工程量

具体的计算实例可参见分部分项工程量清单与计价表的相关例子,这里不再赘述。

表4.7　单价措施项目清单与计价表

工程名称:新建××厂房配套卫浴间　　　　第1页 共1页

序号	项目编码	项目名称	项目特征	计量单位	工程量	金额(元)		
						综合单价	合价	定额人工费
1	011701001001	综合脚手架	1.建筑结构形式:砖混结构 2.檐口高度:20 m以内	m^2	64.47	10.72	691.12	347.49
2	011702003002	构造柱模板	基础类型:条形基础,砌体	m^2	31.30	50.94	1 594.42	566.53
3	011702006003	矩形梁模板	支撑高度:3.6 m以内	m^2	1.69	51.77	87.49	33.51

续表

序号	项目编码	项目名称	项目特征	计量单位	工程量	金额(元)		
						综合单价	合价	定额人工费
4	011702008004	地圈梁模板	1.梁截面形状:矩形 2.支撑高度:3.6 m以内	m^2	20.39	42.84	873.51	348.87
5	011702008005	圈梁模板	1.梁截面形状:矩形 2.支撑高度:3.6 m以内	m^2	20.39	42.84	873.51	348.87
6	011702009006	过梁模板	1.梁截面形状:矩形 2.支撑高度:3.6 m以内	m^2	2.92	45.24	132.10	49.82
7	011702015007	无梁板模板	支撑高度:3.6 m以内	m^2	50.88	49.90	2 538.91	877.68
8	011702025008	基础垫层模板	构件类型:条形基础垫层	m^2	27.43	31.20	855.82	289.66
9	011702025009	排水沟垫层模板	构件类型:条形基础垫层	m^2	1.67	31.31	52.29	17.64
10	011702025010	压顶模板	构件类型:混凝土压顶	m^2	4.34	77.21	335.09	146.74
11	011702025011	止水带模板	构件类型:混凝土止水带	m^2	17.00	77.34	1 314.78	574.77
12	011703001012	垂直运输	1.建筑结构形式:砖混结构 2.檐口高度:20 m以内	m^2	64.47	12.30	792.98	237.25
合　计							10 142.02	3 838.83

任务4　编制总价措施项目清单与计价表和其他项目清单与计价汇总表

1)实训目的

通过本次实训任务,学生应能达成以下能力目标:

①能科学合理地编制总价措施项目清单与计价表;

②能科学合理地编制其他项目清单与计价汇总表。

2)实训内容

(1)编制总价措施项目清单与计价表

根据教师提供的卫浴间工程设计施工图、编制要求和招标文件相关规定,参照《建设工程工程量清单计价规范》(GB 50500—2013)、《房屋建筑与装饰工程工程量计算规范》(GB 50854—2013),并结合工程项目的实际情况编制总价措施项目清单与计价表。

(2)编制其他项目清单与计价汇总表

根据教师提供的卫浴间工程设计施工图、编制要求和招标文件相关规定,参照《建设工程工程量清单计价规范》(GB 50500—2013)、《房屋建筑与装饰工程工程量计算规范》(GB 50854—2013),并结合工程项目的实际情况编制其他项目清单与计价汇总表。

3)实训步骤与指导

总价措施项目费中计算费率的确定同招标工程量清单,在编制招标控制价时,由于分部分项工程费和单价措施项目费的定额人工费已经确定,故只需将相关费用代入计算即可。

确定其他项目费,基本与招标工程量清单中的内容相似。下面主要说明在编制招标控制价过程中的一些注意事项。

(1)暂列金额

各地区都有关于确定暂列金额的具体规定,一般是按分部分项工程费的10%~15%为参考取值。实际工程的具体值应视工程项目的复杂程度、设计深度、工程环境条件而定。换句话说,工程规模大,总价高,未知的因素越多,可以考虑取大值;工程规模小,总价低,可以考虑取小值。

(2)暂估价

暂估价中的材料单价应按照工程造价管理机构发布的工程造价信息中的材料单价进行计算,工程造价信息未发布的材料单价,其单价参考市场价格估算;暂估价中的专业工程暂估价应分不同专业,按有关计价规定估算。

(3)计日工

计日工单价应由招标人按有关计价规定确定。具体来说,计日工中的人工单价和施工机械台班单价应按省级、行业建设主管部门或其授权的工程造价管理机构公布的单价进行计算;材料应按工程造价管理机构发布的工程造价信息中的材料单价进行计算,工程造价信息未发布单价的材料,其价格应按市场调查确定的单价进行计算。

(4)总承包服务费

总承包服务费在计算时可参考以下标准:

①招标人仅要求对分包的专业工程进行总承包管理和协调时,按分包的专业工程估算造价的1.5%计算;

②招标人要求对分包的专业工程进行总承包管理和协调,并同时要求提供配合服务时,根据招标文件列出的配合服务内容和提出的要求,按分包的专业工程估算造价的3%~5%计算;

③招标人自行供应材料的,按招标人供应材料价值的1.0%计算。

4)实训成果

总价措施项目清单与计价表,见表4.8。

$$\begin{aligned}\text{各总价措施项目费的计算基础} &= \text{分部分项清单项目定额人工费} + \text{单价措施项目定额人工费}\\ &= 30\,822.36 + 3\,838.83 = 34\,661.19(\text{元})\end{aligned}$$

表 4.8　总价措施项目清单与计价表

工程名称:新建××厂房配套卫浴间　　　　第 1 页 共 1 页

序号	项目名称	计算基础	计算基础数值	费率（%）	金额（元）
1	安全文明施工				7 694.78
	环境保护费	分部分项清单项目定额人工费+单价措施项目定额人工费	34 661.19	0.40	138.64
	文明施工费	分部分项清单项目定额人工费+单价措施项目定额人工费	34 661.19	5.00	1 733.06
	安全施工费	分部分项清单项目定额人工费+单价措施项目定额人工费	34 661.19	9.60	3 327.47
	临时设施费	分部分项清单项目定额人工费+单价措施项目定额人工费	34 661.19	7.20	2 495.61
2	夜间施工费	分部分项清单项目定额人工费+单价措施项目定额人工费	34 661.19	0.80	277.29
3	二次搬运费	分部分项清单项目定额人工费+单价措施项目定额人工费	34 661.19	0.40	138.64
4	冬雨季施工增加费	分部分项清单项目定额人工费+单价措施项目定额人工费	34 661.19	0.60	207.97
合　计					8 318.69

其他项目清单与计价汇总表见表 4.9,暂列金额明细表见分表 4.9.1,材料(工程设备)暂估单价表见分表 4.9.2,专业工程暂估价表见分表 4.9.3,计日工表见分表 4.9.4,总承包服务费计价表见分表 4.9.5。

表 4.9　其他项目清单与计价汇总表

工程名称:新建××厂房配套卫浴间　　　　第 1 页 共 1 页

序号	项目名称	金额(元)	备注
1	暂列金额	11 779.20	明细详见分表 4.9.1
2	暂估价	3 150.00	
2.1	材料(工程设备)暂估价	—	明细详见分表 4.9.2
2.2	专业工程暂估价	3 150.00	明细详见分表 4.9.3
3	计日工	1 033.12	明细详见分表 4.9.4
4	总承包服务费	266.75	明细详见分表 4.9.5
合　计		16 229.07	—

分表 4.9.1　**暂列金额明细表**

工程名称:新建××厂房配套卫浴间　　第 1 页 共 1 页

序号	项目名称	计算基础	费率	金额
1	暂列金额	分部分项工程量清单合价+措施项目清单合价	10%	12 603.62
合　计				12 603.62

说明:此处暂列金额的数值与招标工程量清单中暂列金额的数值不同,是因为将营业税调整为增值税,对定额的基价作了相应调整。

分表 4.9.2　**材料(工程设备)暂估单价表**

工程名称:新建××厂房配套卫浴间　　第 1 页 共 1 页

序号	材料名称、规格、型号	计量单位	数量		单价		合价(元)		备注
			暂估	确认	暂估	确认	暂估	确认	
1	水泥焦渣	m^3	5.00		45.00		225.00		
2	彩色釉面砖(甲供)	m^2	250.00		50.00		12 500.00		仅用于项目编码为“011204003030”的彩釉砖内墙面项目
合　计							12 725.00		

分表 4.9.3　**专业工程暂估价表**

工程名称:新建××厂房配套卫浴间　　第 1 页 共 1 页

序号	工程名称	工程内容	暂估金额(元)	结算金额(元)	差额±(元)	备注
1	铝合金门 M0921	运输及安装就位	1 600.00			
2	塑钢推拉窗 C1215	运输及安装就位	1 550.00			
合　计			3 150.00			

说明:表格中的项目在设计施工图上为二次专业设计,由于项目本身价值主要为材料价格,故考虑为材料暂估价表。

分表 4.9.4　**计日工表**

工程名称:新建××厂房配套卫浴间　　第 1 页 共 1 页

编号	项目名称	单位	暂定数量	实际数量	综合单价(元)	合价(元)	
						暂定	实际
一	人工						
1	普工	工日	3		103.00	309.00	
2	技工	工日	3		139.00	417.00	

续表

编号	项目名称	单位	暂定数量	实际数量	综合单价（元）	合价(元)	
						暂定	实际
人工小计						726.00	
二	材料						
1	钢筋	t	0.05		4 200.00	210.00	
2	水泥 42.5	t	0.2		335	67.00	
材料小计						277.00	
三	施工机械						
1	灰浆搅拌机	台班	1		30.12	30.12	
	施工机械小计					30.12	
四	企业管理费和利润					—	
总　计						1 033.12	

说明:在编制招标控制价时,计日工项目和数量应按其他项目清单列出的项目和数量,计日工中的人工单价和施工机械台班单价应按工程造价管理机构公布的单价计算。计日工人工单价=工程造价管理机构发布的工程所在地相应工种计日工人工单价+相应工种定额人工单价×25%。

分表 4.9.5　总承包服务费计价表

工程名称:新建××厂房配套卫浴间　　　　第 1 页 共 1 页

序号	项目名称	项目价值（元）	服务内容	计算基础	费率（%）	金额（元）
1	发包人发包专业工程及供应材料	3 150.00	按专业工程承包人的要求提供施工工作面并对施工现场进行统一管理,对竣工资料进行统一整理汇总;发包人供应部分材料	专业工程估算价值	4.5	141.75
2	发包人提供材料（彩色釉面砖）	12 500.00	对发包人自行供应的材料进行保管	材料价值	1.0	125.00
合　计						266.75

说明:本工程根据招标文件,招标人要求总包人对其发包的专业工程既进行总承包管理和协调,又要求提供相应配合服务时,总承包服务费根据招标文件列出的配合服务内容,按发包的专业工程估算造价的4.5%计算。总包人对招标人自行供应的部分材料进行保管,按相关部分材料价值的1.0%计算。

任务 5　编制规费、税金项目清单与计价表

1)实训目的

通过本次实训任务,学生应能达成以下能力目标:

①能科学合理地编制规费项目清单与计价表;

②能科学合理地编制税金项目清单与计价表。

2)实训内容

(1)编制规费项目清单与计价表

根据教师提供的卫浴间工程设计施工图,参照《建设工程工程量清单计价规范》(GB 50500—2013)、2015 年《四川省建设工程工程量清单计价定额》(爆破工程 建筑安装工程费用 附录)分册,并结合工程项目的实际情况编制规费项目清单与计价表。

(2)编制税金项目清单与计价表

根据教师提供的卫浴间工程设计施工图,参照《建设工程工程量清单计价规范》(GB 50500—2013)、2015 年《四川省建设工程工程量清单计价定额》(爆破工程 建筑安装工程费用 附录)分册、《四川省住房和城乡建设厅关于印发〈建筑业营业税改征增值税四川省建设工程计价依据调整办法〉的通知》(川建造价发〔2016〕349 号)和《四川省住房和城乡建设厅关于印发〈建筑业营业税改征增值税四川省建设工程计价依据调整办法〉调整的通知》(川建造价发〔2018〕392 号),并结合工程项目的实际情况编制税金项目清单与计价表。

3)实训步骤与指导

规费和税金必须按国家或省级、行业建设主管部门的规定计算。

规费的计算,地方政府会明确相应的计算基数和计算费率,各工程项目按规定执行即可。例如,2015 年《四川省建设工程工程量清单计价定额》(爆破工程 建筑安装工程费用 附录)分册中明确规定:"编制招标控制价(最高投标限价、标底)时,规费标准有幅度的,按上限计列。"

现阶段我国建筑行业的工程项目税金均实行增值税的计算模式。

4)实训成果

根据《四川省住房和城乡建设厅关于印发〈建筑业营业税改征增值税四川省建设工程计价依据调整办法〉的通知》(川建造价发〔2016〕349 号)的相关规定,本例采用一般计税法,将表 4.6、表 4.7 和表 4.8 进行调整。调整后的分部分项工程量清单与计价表详见表 4.10,调整后的单价措施项目清单与计价表详见表 4.11,调整后的总价措施项目清单与计价表详见表 4.12。

表 4.10　调整后的分部分项工程量清单与计价表

工程名称:新建××厂房配套卫浴间　　　　第 1 页 共 1 页

序号	项目编码	项目名称	项目特征	计量单位	工程量	金额(元)		
						综合单价	合价	定额人工费
1	010101001001	平整场地	1.土壤类别:三类土 2.弃、取土运距:投标人自行考虑	m^2	64.47	1.20	77.36	29.66
2	010101003002	挖沟槽土方	1.土壤类别:综合 2.挖土深度:2 m 以内 3.弃土运距:投标人自行考虑	m^3	88.86	20.25	1 799.42	1 231.60
3	010103001003	基础回填	1.密实度要求:符合设计及施工规范 2.填方材料品种:符合工程性质的土 3.填方来源、运距:投标人自行考虑	m^3	64.86	9.79	634.98	361.92
4	010103001004	室内回填	1.土质要求:一般土壤 2.密实度要求:按规范要求,夯填 3.运距:投标人自行考虑	m^3	8.85	9.80	86.73	49.38
5	010103002005	余方弃置	1.土质要求:一般土壤 2.密实度要求:按规范要求,夯填 3.运距:投标人自行考虑	m^3	15.15	9.10	137.87	19.24
6	010401001006	砖基础	1.砖品种、规格、强度等级:MU15 烧结页岩砖 2.基础类型:砖基础 3.砂浆强度等级:M7.5 水泥砂浆 4.防潮层材料种类:1∶2 水泥砂浆防潮层加 3%~5%防水剂	m^3	14.07	444.99	6 261.01	1 531.10
7	010401003007	实心砖墙;防潮层以上	1.砖品种、规格、强度等级:MU15 烧结页岩砖 2.墙体类型:实心砖墙 3.砂浆强度等级、配合比:M5 混合砂浆	m^3	37.55	468.92	17 607.95	4 938.95

续表

序号	项目编码	项目名称	项目特征	计量单位	工程量	金额(元)		
						综合单价	合价	定额人工费
8	010401003008	女儿墙	1.砖品种、规格、强度等级:MU15烧结页岩砖 2.墙体类型:女儿墙 3.砂浆强度等级、配合比:M5混合砂浆	m^3	2.87	468.92	1 345.80	377.49
9	010404001009	基础垫层	垫层材料种类、配合比、厚度:C20,250 mm	m^3	8.23	471.44	3 879.95	183.61
10	010501001010	浴室排水沟垫层	垫层材料种类、配合比、厚度:C15	m^3	0.52	461.35	239.90	11.60
11	010502002011	构造柱	混凝土强度等级:C25	m^3	4.92	496.62	2 443.37	161.18
12	010503002012	矩形梁	混凝土强度等级:C25	m^3	0.20	487.60	97.52	5.34
13	010503004013	C25混凝土地圈梁	混凝土强度等级:C25	m^3	2.45	487.56	1 194.52	65.39
14	010503004014	圈梁	混凝土强度等级:C25	m^3	2.45	487.56	1 194.52	65.39
15	010503005015	现浇过梁	混凝土强度等级:C20	m^3	0.35	446.54	156.29	26.83
16	010505002016	C25混凝土板	混凝土强度等级:C25	m^3	4.72	488.97	2 307.94	126.54
17	010507003017	浴室排水明沟	1.沟截面:净空250 mm×450 mm,壁厚100 mm 2.垫层材料种类、厚度:C10混凝土,厚度100 mm 3.混凝土强度等级:C25 4.其他:上部塑料箅子	m	8.35	63.65	531.48	66.88
18	010507005018	C15混凝土压顶	混凝土强度等级:C15	m^3	0.65	473.68	307.89	60.83
19	010507007019	C25混凝土止水带	1.构件类型:C25混凝土止水带 2.构件规格:150 mm,高同墙宽,C25混凝土挡水 3.混凝土强度等级:C25	m^3	2.04	512.29	1 045.07	192.41

续表

序号	项目编码	项目名称	项目特征	计量单位	工程量	金额(元)		
						综合单价	合价	定额人工费
20	010607003020	成品雨篷	材料品种、规格:详见07J501-1-12-JP1-1527(a),尺寸改为 1 500 mm×900 mm	m^2	4.5	1 170.84	5 268.78	446.54
21	010902001021	屋面卷材防水	防水层做法:4 mm 厚 SBS 改性沥青防水卷材(I型)	m^2	66.55	41.51	2 762.49	415.27
22	010902003022	屋面刚性层	1.刚性层厚度:25 mm 厚 2.砂浆强度等级:1:2水泥砂浆保护层(掺聚丙烯纤维)	m^2	66.55	23.74	1 579.90	515.76
23	010902004023	屋面排水管	1.排水管品种、规格:PVC,*DN*100 2.雨水斗、山墙出水口品种、规格:参见西南11J201-50-2、西南11J201-53-1	m	7.8	52.77	411.61	64.35
24	010902004024	溢流管	排水管品种、规格:*DN*50塑料管1根	m	1.00	21.91	21.91	5.02
25	011001001025	保温隔热屋面	保温隔热材料品种、规格、厚度:最薄处 50 mm 厚 1:6水泥焦渣($i=2\%$)	m^2	55.00	16.62	914.10	285.45
26	011101006026	平面砂浆找平层	找平层厚度、砂浆配合比:20 mm 厚 1:3 水泥砂浆找平层	m^2	55.00	16.06	883.30	324.50
27	011102003027	防滑彩色釉面砖地面	1.垫层:100 mm 厚 C10 混凝土垫层 2.防水层:改性沥青一布四涂 3.黏结层:20 mm 厚 1:2干硬性水泥砂浆黏合层 4.面层:6 mm 厚防滑彩色釉面砖,水泥浆擦缝 5.其他:详见西南 11J312-3122DB1	m^2	51.74	196.14	10 148.28	2 605.63

续表

序号	项目编码	项目名称	项目特征	计量单位	工程量	金额(元)		
						综合单价	合价	定额人工费
28	011204003028	彩釉砖内墙面	1.墙体类型:内墙面 2.安装方式:黏结 3.10 mm 厚 1∶3 水泥砂浆打底扫毛 4.8 mm 厚 1∶2 水泥砂浆黏结层 5.6 mm 厚彩色釉面砖,勾缝剂擦缝 6.其他:详见西南 11J515-N11	m^2	214.83	117.68	25 281.19	7 806.92
29	011302001029	铝合金条板吊顶	1.吊顶形式、吊杆规格、高度:ϕ8 钢筋吊杆,双向吊顶,中距 900~1 200 mm 2.龙骨材料种类、规格、中距:专用龙骨,中距<300~600 mm 3.面层材料品种、规格:0.5~0.8 mm 厚铝合金条板,中距 100,150,200 mm等 4.其他:详见 11J515-P10	m^2	50.88	90.95	4 627.54	708.76
30	011407001030	外墙面喷刷涂料	1.基层类型:天棚面一般抹灰面 2.腻子种类:石膏粉腻子 3.刮腻子要求:清理基层,修补,砂纸打磨,满刮腻子两遍 4.涂料种类:详见建施图 5.其他:详见 11J515-P05	m^2	159.21	92.24	14 685.53	8 138.82
合　计							107 934.20	30 822.36

表 4.11　调整后的单价措施项目清单与计价表

工程名称:新建××厂房配套卫浴间　　　　第 1 页 共 1 页

序号	项目编码	项目名称	项目特征	计量单位	工程量	金额(元)		
						综合单价	合价	定额人工费
1	011701001001	综合脚手架	1.建筑结构形式:砖混结构 2.檐口高度:20 m 以内	m^2	64.47	10.63	685.32	347.49
2	011702003002	构造柱模板	基础类型:条形基础,砌体	m^2	31.30	50.66	1 585.66	566.53
3	011702006003	矩形梁模板	支撑高度:3.6 m 以内	m^2	1.69	51.69	87.36	33.51
4	011702008004	地圈梁模板	1.梁截面形状:矩形 2.支撑高度:3.6 m 以内	m^2	20.39	42.77	872.08	348.87
5	011702008005	圈梁模板	1.梁截面形状:矩形 2.支撑高度:3.6 m 以内	m^2	20.39	42.77	872.08	348.87
6	011702009006	过梁模板	1.梁截面形状:矩形 2.支撑高度:3.6 m 以内	m^2	2.92	45.18	131.93	49.82
7	011702015007	无梁板模板	支撑高度:3.6 m 以内	m^2	50.88	49.83	2 535.35	877.68
8	011702025008	基础垫层模板	构件类型:条形基础垫层	m^2	27.43	31.22	856.36	289.66
9	011702025009	排水沟垫层模板	构件类型:条形基础垫层	m^2	1.67	31.33	52.32	17.64
10	011702025010	压顶模板	构件类型:混凝土压顶	m^2	4.34	77.23	335.18	146.74
11	011702025011	止水带模板	构件类型:混凝土止水带	m^2	17.00	77.36	1 315.12	574.77
12	011703001012	垂直运输	1.建筑结构形式:砖混结构 2.檐口高度:20 m 以内	m^2	64.47	11.89	766.55	237.25
合　计							10 095.31	3 838.83

表 4.12　调整后的总价措施项目清单与计价表

工程名称:新建××厂房配套卫浴间　　　　第 1 页 共 1 页

序号	项目名称	计算基础	计算基础数值	费率(%)	金额(元)
1	安全文明施工				7 403.63
	环境保护费	分部分项清单项目定额人工费+单价措施项目定额人工费	34 661.19	0.40	138.64
	文明施工费	分部分项清单项目定额人工费+单价措施项目定额人工费	34 661.19	4.96	1 719.20

续表

序号	项目名称	计算基础	计算基础数值	费率（%）	金额（元）
	安全施工费	分部分项清单项目定额人工费+单价措施项目定额人工费	34 661.19	9.18	3 181.90
	临时设施费	分部分项清单项目定额人工费+单价措施项目定额人工费	34 661.19	6.82	2 363.89
2	夜间施工费	分部分项清单项目定额人工费+单价措施项目定额人工费	34 661.19	0.78	270.36
3	二次搬运费	分部分项清单项目定额人工费+单价措施项目定额人工费	34 661.19	0.38	131.71
4	冬雨季施工增加费	分部分项清单项目定额人工费+单价措施项目定额人工费	34 661.19	0.58	201.03
合　计					8 006.73

规费、税金项目清单与计价表见表 4.13。本实训案例规费的计算费率按照 2015 年《四川省建设工程工程量清单计价定额》（爆破工程 建筑安装工程费用 附录）分册中费用计算办法给定的规费计算费率的上限计取。税率按建筑行业增值税的计算税率 10%计算。

表 4.13　规费、税金项目清单与计价表

工程名称：新建××厂房配套卫浴间　　　　第 1 页 共 1 页

序号	项目名称	计算基础	计算费率(%)	金额(元)
1	规费			5 199.18
1.1	社会保险费			4 055.36
(1)	养老保险费	分部分项清单项目定额人工费+单价措施项目定额人工费	7.50	2 599.59
(2)	失业保险费	分部分项清单项目定额人工费+单价措施项目定额人工费	0.60	207.97
(3)	医疗保险费	分部分项清单项目定额人工费+单价措施项目定额人工费	2.70	935.85
(4)	工伤保险费	分部分项清单项目定额人工费+单价措施项目定额人工费	0.70	242.63
(5)	生育保险费	分部分项清单项目定额人工费+单价措施项目定额人工费	0.20	69.32
1.2	住房公积金	分部分项清单项目定额人工费+单价措施项目定额人工费	3.30	1 143.82
1.3	工程排污费	按工程所在地环境保护部门收取标准按实计算		
2	税金	分部分项工程费+措施项目费+其他项目费+规费	10	14 828.89

招标控制价汇总详见表4.14，工程的主要材料数量汇总详见表4.15。

表4.14　招标控制价汇总表

工程名称:新建××厂房配套卫浴间　　　　第1页 共1页

序号	内容	金额(元)	备注
1	调整后的分部分项工程费	107 934.20	
2	措施项目费	18 102.04	
2.1	调整后总价措施项目费	8 006.73	
2.1.1	其中:安全文明施工费	7 403.63	
2.2	调整后的单价措施项目费	10 095.31	
3	调整后的其他项目费	17 053.49	
3.1	其中:暂列金额	12 603.62	
4	规费	5 199.18	
5	税金	14 828.89	
招标控制价合计=1+2+3+4+5		163 117.80	

表4.15　主要材料数量汇总表

工程名称:新建××厂房配套卫浴间　　　　第1页 共1页

序号	名称、规格、型号	单位	数量
1	0.5~0.8 mm厚铝合金条板	m^2	51.918
2	6 mm厚彩色釉面砖	m^2	223.392
3	MU15烧结页岩砖	千匹	28.836
4	PVC聚氯乙烯黏合剂	kg	0.298
5	白水泥	kg	39.975
6	玻纤布	m^2	77.14
7	不锈钢管	t	0.049
8	柴油(机械)	kg	26.417
9	成套挂件幕墙专用	套	0.773
10	弹性体(SBS)改性沥青防水卷材聚酯胎Ⅰ型4 mm	m^2	75.258
11	电焊条结422 ϕ3.2	kg	0.089
12	对拉螺栓	kg	0.252
13	对拉螺栓塑料管	m	2.04
14	二等锯材	m^3	1.16
15	二爪挂件幕墙专用	套	2.01
16	防滑彩釉地砖	m^2	52.993
17	复合模板	m^2	45.19
18	改性沥青嵌缝油膏	kg	7.126
19	钢丝绳 ϕ15.5	m	3.245
20	夹胶玻璃(采光天棚用)8+0.76+8	m^2	4.725

续表

序号	名称、规格、型号	单位	数量
21	加工铁件	kg	0.102
22	焦渣	m^3	4.014
23	脚手架钢材	kg	15.957
24	金属氟碳漆	kg	44.576
25	锯材综合	m^3	0.038
26	砾石 5~10 mm	m^3	1.69
27	砾石 5~20 mm	m^3	1.47
28	砾石 5~40 mm	m^3	4.651
29	铝合金格式龙骨	m^2	51.918
30	排水管连接件 160 mm×50 mm	个	1.01
31	其他材料费	元	467.243
32	汽油(机械)	kg	2.358
33	商品混凝土 C15	m^3	0.525
34	商品混凝土 C20	m^3	8.312
35	商品混凝土 C25	m^3	15.015
36	石灰膏	m^3	1.269
37	石油沥青 30#	kg	12.173
38	水	m^3	22.995
39	水泥 32.5	kg	12 188.928
40	水乳型橡胶沥青涂料	kg	416.694
41	四爪挂件幕墙专用	套	3.015
42	塑料膨胀螺栓 ϕ10×70	套	12.32
43	塑料山墙出水口 ϕ160	套	1.01
44	塑料水斗 ϕ160	个	1.01
45	塑料弯管	个	1.564
46	塑料硬管 ϕ160	m	8.073
47	塑料箅子	m	8.344
48	摊销卡具和支撑钢材	kg	38.262
49	特细砂	m^3	13.494
50	铁件	kg	17.509
51	铁卡箍	kg	2.15
52	细砂	m^3	3.885
53	预埋铁件	kg	10.18
54	中砂	m^3	15.258
55	钍钨极棒	g	5.26
56	汽油	kg	29.292
57	塑料硬管 ϕ110	m	1.035

任务6　编制建筑工程招标控制价总说明

1）实训目的

通过本次实训任务，学生应能达成以下能力目标：

能根据工程背景资料，结合编制招标控制价过程中的实际体验，编制建筑工程招标控制价总说明。

2）实训内容

根据编制过程中积累的经验，结合实训案例的示范，编制建筑工程招标控制价总说明，要求语言精练、逻辑清晰。

3）实训步骤与指导

招标控制价总说明除了包含工程概况、编制依据等常规内容外，还有确定相关价格的参考依据。例如，关于人工费的上调系数、规费中五险一金的取费费率、税金的综合税率，这些都是如何确定的，或者是参照何时何地颁发的相关文件得来的。

4）实训成果

根据实训案例，给出招标控制价总说明的示范，见表4.16。

表4.16　招标控制价总说明

1.工程概况

本工程为××电气设备生产厂投资新建的××厂房配套卫浴间。建筑面积为64.47 m^2，建筑层数1层，砖混结构形式。基础采用条形砖基础，装修标准为一般装修，详见设计施工图中建筑设计施工说明的装饰做法表。

2.工程招标和分包范围

本工程按设计施工图纸范围招标（包括土建及结构工程、装饰装修工程）。除铝合金门M0921和塑钢推拉窗C1215采用二次专业设计，委托相关材料供应单位供应安装外，其他工程项目均采用施工总承包。

3.招标控制价编制依据

（1）《建设工程工程量清单计价规范》（GB 50500—2013）；

（2）《房屋建筑与装饰工程工程量计算规范》（GB 50854—2013）；

（3）2015年《四川省建设工程工程量清单计价定额》（房屋建筑与装饰工程）分册；

（4）2015年《四川省建设工程工程量清单计价定额》（爆破工程 建筑安装工程费用 附录）分册；

（5）新建××厂房配套卫浴间设计施工图及设计文件参照的设计和施工规范；

（6）新建××厂房配套卫浴间工程招标工程量清单；

（7）根据工程设计施工图和工程特点编制的常规施工方案；

（8）四川省工程造价管理机构发布的工程造价信息（2018年02期）；

（9）《四川省建设工程造价管理总站关于对成都市等18个市、州2015年〈四川省建设工程工程量清单计价定额〉人工费调整的批复》（川建价发〔2017〕49号）。

4.工程、材料、施工等的特殊要求

（1）土建工程施工质量满足《砌体工程施工质量验收规范》（GB 50203—2011）的规定。

续表

(2)装饰工程施工质量满足《建筑装饰装修工程质量验收标准》(GB 50210—2018)的规定。 (3)工程中内墙彩色釉面砖由甲方供料。甲方应对材料的规范、品质、采购等负责。材料到达工地现场,施工方应和甲方代表共同取样验收,合格后方能用于工程上。 5.其他需要说明的问题 (1)本工程人工费单价按《四川省建设工程造价管理总站关于对成都市等18个市、州2015年〈四川省建设工程工程量清单计价定额〉人工费调整的批复》(川建价发〔2017〕49号)进行调整,在原定额人工单价的基础上上浮29%。 (2)材料价格参照四川省工程造价管理机构发布的工程造价信息(2018年02期)确定。 (3)规费的计算费率按照2015年《四川省建设工程工程量清单计价定额》(爆破工程 建筑安装工程费用 附录)分册费用计算办法中给定的规费计算费率的上限计取。 (4)税金的计算按照《四川省住房和城乡建设厅关于印发〈建筑业营业税改征增值税四川省建设工程计价依据调整办法〉的通知》(川建造价发〔2016〕349号)和《四川省住房和城乡建设厅关于印发〈建筑业营业税改征增值税四川省建设工程计价依据调整办法〉调整的通知》(川建造价发〔2018〕392号)执行,采用一般计税法。税率按建筑行业增值税的计算税率10%计算。

任务7　填写封面及装订

1)实训目的

通过本次实训任务,学生应能达成以下能力目标:

①能口述建筑工程招标控制价封面上各栏目的具体含义;

②能根据工程实际情况填写建筑工程招标控制价封面;

③能对建筑工程招标控制价在编制过程中产生的成果文件进行整理和装订;

④能对建筑工程招标控制价在编制过程中产生的底稿文件进行整理和存档。

2)实训内容

①根据教师提供的卫浴间工程设计施工图、编制要求和招标文件相关规定,结合工程项目的实际情况填写建筑工程招标控制价封面;

②根据编制要求、招标文件相关规定和《建设工程工程量清单计价规范》(GB 50500—2013),对编制过程中已完成的所有成果文件进行整理和装订;

③对编制过程中产生的底稿文件进行整理和存档。

3)实训步骤与指导

完整的招标控制价封面应包括工程名称,招标人、工程造价咨询人(若招标人委托则有)的名称,招标人、工程造价咨询人(若招标人委托则有)的法定代表人或其授权人的签章,具体编制人和复核人的签章,以及具体的编制时间和复核时间。招标控制价封面上应写明招标控制价的大写金额和小写金额。

根据《建设工程工程量清单计价规范》(GB 50500—2013),最终形成的招标控制价文件按相应顺序排列应为：

①工程项目招标控制价封面；

②工程项目招标控制价扉页；

③总说明；

④单项工程招标控制价汇总表；

⑤单位工程招标控制价汇总表；

⑥分部分项工程和单价措施项目清单与计价表；

⑦总价措施项目清单与计价表；

⑧其他项目清单与计价汇总表；

⑨暂列金额明细表；

⑩材料(工程设备)暂估单价表；

⑪专业工程暂估价表；

⑫计日工表；

⑬总承包服务费计价表；

⑭规费、税金项目清单与计价表。

将上述相关表格文件装订成册，即成为完整的招标控制价文件。

在编制过程中产生的底稿文件主要包括计价工程量计算表、常规施工方案等，上述资料也应整理和归档，留存电子版或纸质版，以备项目后期查用参照。

4）实训成果

招标控制价封面见表4.17。

表4.17　招标控制价封面

<table>
<tr><td colspan="2">新建××厂房配套卫浴间工程

招标控制价

招标控制价(小写)：163 118元
(大写)：壹拾陆万叁仟壹佰壹拾捌元整

[印章：××电气设备生产厂]　　　　[印章：××省××工程造价咨询有限公司]
招标人：__________(单位盖章)　　　　工程造价咨询人：__________(单位资质专业章)</td></tr>
</table>

法定代表人
或其授权人：______________________
（签字或盖章）

法定代表人
或其授权人：______________________
（签字或盖章）

全国建设工程造价员
王××　建筑0641××××
××省××工程造价咨询有限公司
有效期至：2019 年 10 月 20 日

编制人：______________________
（造价人员签字盖专用章）

中华人民共和国注册造价工程师
李×
B 0144000××××
××省××工程造价咨询有限公司
有效期至：2019年12月31日

复核人：______________________
（造价工程师签字盖专用章）

编制时间：　年　月　日

复核时间：　年　月　日

【实训考评】

编制建筑工程招标控制价的项目实训考评包含实训考核和实训评价两个方面。

(1) 实训考核

实训考核是指实训教师在指导学生完成该项目时的具体考查核定方法，应从实训组织、实训方法、措施以及实训时间安排 4 个方面来体现，具体内容详见表 4.18。

表 4.18　实训考核措施及原则

考核的措施及原则	实训组织	实训方法	实训时间安排	
措施	划分实训小组 构建实训团队	手工计算 软件计算	内　容	时间（天）
原则	学生自愿 人数均衡 团队分工明确 分享机制	两种方法任选其一 两种方法互相验证	拟订常规施工方案，确定招标文件中与建筑工程造价相关的条款	1
			计算计价工程量，确定综合单价	4
			编制分部分项工程和单价措施项目清单与计价表	2
			编制总价措施项目清单与计价表	0.5
			编制其他项目清单与计价汇总表	1
			编制规费和税金项目清单与计价表	0.5
			编制招标控制价总说明及填写封面	0.5
			招标控制价整理、复核、装订	0.5

(2)实训评价

实训评价主要分为小组自评和教师评价两种方式,具体的评价办法参见表4.19。

表4.19 实训评价方式

<table>
<tr><th>评价方式</th><th>项目</th><th>具体内容</th><th>满分分值</th><th>占比</th></tr>
<tr><td rowspan="3">小组自评(20%)</td><td>专业技能</td><td></td><td>12</td><td>60%</td></tr>
<tr><td>团队精神</td><td></td><td>4</td><td>20%</td></tr>
<tr><td>创新能力</td><td></td><td>4</td><td>20%</td></tr>
<tr><td rowspan="10">教师评价(80%)</td><td rowspan="3">实训过程</td><td>团队意识</td><td>12</td><td rowspan="3">40%</td></tr>
<tr><td>沟通协作能力</td><td>10</td></tr>
<tr><td>开拓精神</td><td>10</td></tr>
<tr><td rowspan="4">实训成果</td><td>内容完整性</td><td>8</td><td rowspan="4">40%</td></tr>
<tr><td>格式规范性</td><td>8</td></tr>
<tr><td>方法适宜性</td><td>8</td></tr>
<tr><td>书写工整性</td><td>8</td></tr>
<tr><td rowspan="3">实训考勤</td><td>迟到</td><td>4</td><td rowspan="3">20%</td></tr>
<tr><td>早退</td><td>4</td></tr>
<tr><td>缺席</td><td>8</td></tr>
</table>

项目5 编制建筑工程投标报价

【实训案例】

(1)工程概况

本工程为新建××厂房配套卫浴间,属于××电气设备生产厂的附属配套建筑。建筑面积为64.47 m^2,建筑层数1层,砖混结构形式。本项目设计施工图详见附录4。

(2)编制要求

根据编制依据,对项目施工图包含的所有工作内容编制该工程的投标报价。

(3)编制依据

①《建设工程工程量清单计价规范》(GB 50500—2013);

②《房屋建筑与装饰工程工程量计算规范》(GB 50854—2013);

③2015年《四川省建设工程工程量清单计价定额》(房屋建筑与装饰工程)分册;

④2015年《四川省建设工程工程量清单计价定额》(爆破工程 建筑安装工程费用 附录)分册;

⑤新建××厂房配套卫浴间工程设计施工图;

⑥新建××厂房配套卫浴间工程招标文件及招标工程量清单;

⑦新建××厂房配套卫浴间工程拟订的投标施工方案;

⑧《四川省建设工程造价管理总站关于对成都市等18个市、州2015年〈四川省建设工程工程量清单计价定额〉人工费调整的批复》(川建价发〔2017〕49号);

⑨《四川省住房和城乡建设厅关于印发〈建筑业营业税改征增值税四川省建设工程计价依据调整办法〉的通知》(川建造价发〔2016〕349号);

⑩四川省工程造价管理机构发布的工程造价信息(2018年02期)。

(4)投标报价编制相关规定

①本工程为国有资金投资项目,应由投标人或受其委托具有相应资质的工程造价咨询人编制投标报价;

②投标报价不得低于工程成本;

③投标人必须按招标工程量清单填报价格,项目编码、项目名称、项目特征、计量单位、工程量必须与招标工程量清单一致;

④投标人的投标报价高于招标控制价的应予以废标。

【实训目标】

投标报价是投标人投标时响应招标文件要求所作出的对已标价工程量清单汇总后标明的总价。对投标人来说,要编制一份竞争力强的投标文件,需要对招标文件中的投标人须知、合同条件、技术规范、图纸和工程量清单进行详细分析,深刻而正确地理解招标文件和业主的意图。另外,还应对工程现场的实际情况进行现场勘察,若这些现场条件对项目单价的影响比较大,在编制具体项目单价时就应重点考虑,增加适当的风险费用。总体来说,编制投标报价是一项复杂的系统工程,需要周密考虑、统筹安排。

通过该实训项目,学生应达到以下要求:

①能理解建筑工程投标报价的概念和意义;

②能理解建筑工程投标报价的地位和作用;

③能运用设计施工图、清单计价计量规范、地方清单计价定额、相关设计及施工规范或图集,参照招标文件及背景资料编制建筑工程投标报价。

任务1 编制投标报价准备工作

1)实训目的

通过本次实训任务,学生应能达成以下能力目标:

①能根据设计施工图和项目的背景资料,结合工程项目的实际情况拟订项目投标施工方案;

②能根据清单计价计量规范、《建设工程施工合同(示范文本)》(GF-2017-0201)等,确定本工程的投标策略。

2)实训内容

(1)拟订项目投标施工方案

根据教师提供的卫浴间工程设计施工图、投标报价的编制要求和招标文件相关规定,并结合工程项目的实际情况拟订项目投标施工方案。

(2)确定投标策略

根据教师提供的卫浴间工程设计施工图,参照《建设工程工程量清单计价规范》(GB 50500—2013)、《房屋建筑与装饰工程工程量计算规范》(GB 50854—2013)、《建设工程施工合同(示范文本)》(GF-2017-0201)等,并结合工程项目的实际情况确定投标策略。

3)实训步骤与指导

为了正确地拟订投标施工方案及确定投标策略,需要周密考虑、统筹安排,一般应做到以下几点：

(1)研究招标文件

投标人应重点研究招标文件中的招标工程量清单、图纸和技术标准及要求，还应研究招标文件中的合同条款及格式、投标文件格式，最后应清楚招标文件中的评标办法、投标人须知等内容，最大限度地从形式上响应招标人的要求，防止因为一些形式问题而导致废标。

(2)工程现场调查

投标人应做好工程所在地现场区域的调查工作，这与编制招标工程量清单准备工作中的现场踏勘相比，在本质上是一样的。但投标人的工程现场调查深度，应远远大于招标工程量清单编制方的现场踏勘深度。

(3)市场询价

在正式开始投标报价工作前，投标人必须做好市场询价工作。所谓市场询价，是指投标人通过网络、电话、信函等方式向提供人工、材料、机械等生产要素的生产商、销售商或提供专业服务的分包商了解价格的工作。它是投标报价的基础，为投标报价提供可靠的依据。

(4)复核工程量，确定投标策略

复核工程量是指投标人根据招标人提供的图纸，按照工程量计算规则计算工程的分部分项工程项目和单价措施项目的工程量，并将计算结果与招标工程量清单中提供的工程量进行比较，投标人以此来判断招标工程量清单中提供的工程量的准确程度。

工程量的大小是投标报价最直接的依据。投标人可以根据复核后的工程量与招标文件中提供的工程量之间的差距，决定投标报价的尺度，并考虑投标报价的策略。具体的报价策略包括下列3种情况：

①工程量遗漏或错误。招标人应对招标工程量清单的准确性和完整性负责，投标人没有必须提出修改错误的责任。经过工程量复核，对招标工程量清单中工程量有遗漏或错误的情况，投标人应考虑是否向招标人提出修改。

②工程量增加或减少。经过工程量复核，预计今后工程量会增加的项目，单价适当提高；预计今后工程量会减少的项目，单价适当降低。

③工程量难以准确确定。对于某些招标文件，投标人如果发现由于工程范围界定不明确而导致工程量难以准确确定的情况，则要在充分估计投标风险的基础上，按多方案报价处理，即按原招标文件报一个价，然后再提出如某某条款作某些变动，报价可降低多少，由此可多报一个较低的价。

复核工程量不仅可以制定投标策略，还可以帮助投标人准确地确定订货及采购物资的数量，防止由于超量或少购等造成积压材料或停工待料。

4)实训成果

(1)拟订投标施工方案

拟订的投标施工方案见表5.1。

表 5.1　新建××厂房配套卫浴间投标施工方案

序号	项目名称	专业分部工程	工作内容
1	平整场地	土石方工程	(1)土方开挖:将设计施工图中垫层底面标高作为最终开挖面标高进行开挖,开挖区域的土方类别为三类土;开挖深度在 2 m 以内,必要时采用放坡开挖。 (2)土方回填:本区域开挖土方的工程性质均良好,全部用作回填,压实系数控制在 95%以上;室内回填为房心回填,回填标高控制在室内地坪扣除装饰层厚度标高。 (3)余方弃置:运距考虑为运输至距离施工现场 5 km 外的弃土场
2	挖沟槽土方		
3	基础回填		
4	室内回填		
5	余方弃置		
6	基础垫层	基础工程	(1)地基验槽后,基础垫层采用 C20 商品混凝土原槽浇筑; (2)浴室排水沟垫层采用 C15 商品混凝土原槽浇筑; (3)砖基础采用 MU15 烧结页岩砖,采用铺浆法砌筑,砂浆采用 M7.5 砌筑水泥砂浆;砖墙水平灰缝和竖向灰缝宽度宜为 10 mm,墙体与构造柱的交接处应留置马牙槎及拉结筋
7	浴室排水沟垫层		
8	砖基础		
9	实心砖墙	砌筑工程	实心砖墙和女儿墙均采用 MU15 烧结页岩砖,采用铺浆法砌筑,砂浆采用 M5 混合砂浆;砖墙水平灰缝和竖向灰缝宽度宜为 10 mm,墙体与构造柱的交接处应留置马牙槎及拉结筋
10	女儿墙		
11	浴室排水明沟 C25	钢筋混凝土工程	(1)浴室排水明沟、构造柱、矩形梁、混凝土地圈梁、圈梁、混凝土板和混凝土止水带均采用 C25 商品混凝土支模浇筑; (2)现浇过梁采用 C20 商品混凝土支模浇筑; (3)混凝土压顶采用 C15 商品混凝土支模浇筑; (4)各浇筑基本过程为支模→浇筑商品混凝土→振捣→养护→拆除模板
12	构造柱 C25		
13	矩形梁 C25		
14	C25 混凝土地圈梁		
15	圈梁 C25		
16	现浇过梁 C20		
17	C25 混凝土板		
18	C15 混凝土压顶		
19	C25 混凝土止水带		
20	成品雨篷	门窗及附属工程	(1)门材料为铝合金平开门,采用成品采购,定位安装; (2)窗材料为塑钢推拉窗,采用成品采购,定位安装
21	铝合金门 M0921		
22	塑钢推拉窗 C1215		

续表

序号	项目名称	专业分部工程	工作内容
23	保温隔热屋面	装饰装修工程	外墙面涂料施工:清理基层,修补→满刮腻子两遍→金属氟碳漆,一遍成活。 砖地面施工:清理基层→浇筑 C10 混凝土垫层→铺设玻纤布→水乳型橡胶沥青涂料三遍涂层→找平层施工→预铺砖→铺贴块料→养护→勾缝→清理。 砖墙面施工:清理基层→找平层施工→铺贴块料→养护→勾缝→清理。 条板吊顶施工:弹线→安装吊杆→安装专用龙骨→安装铝合金条板。 屋面保温隔热施工:清理基层→制备水泥焦渣→铺设水泥焦渣(应满足 2%的坡度要求)
24	平面砂浆找平层		
25	防滑彩色釉面砖地面		
26	彩釉砖内墙面		
27	铝合金条板吊顶		
28	外墙面喷刷涂料		
29	屋面卷材防水	防水排水工程	屋面防水排水:采用有组织排水,设 PVC 水落管,卡箍安装;屋面铺设 I 型 SBS 改性沥青防水卷材;浇筑 1∶2水泥砂浆刚性保护层
30	屋面刚性层		
31	屋面排水管		

(2)确定投标策略

根据招标文件和招标控制价,经现场实地踏勘,初步拟订下列投标策略:

①在认真仔细地研究工程设计施工图和查看现场情况的基础上,认为本工程的基本情况与招标控制价反映的情况基本一致,因此该工程的大多数报价可以参照招标控制价;

②装修工程中的部分面砖类主材,在招标控制价中偏高,为提升报价的竞争性,投标报价时可以适当降低对应分项工程的材料单价。

任务 2　复核计价工程量并确定综合单价

1)实训目的

通过本次实训任务,学生应能达成以下能力目标:

①能检查套用定额的合理性并复核计价工程量;

②能科学合理地确定各分部分项工程项目和单价措施项目的综合单价。

2)实训内容

(1)复核计价工程量

根据教师提供的卫浴间工程设计施工图、投标报价编制要求和招标文件相关规定,参照 2015 年《四川省建设工程工程量清单计价定额》(房屋建筑与装饰工程)分册,并结合工程项目的实际情况复核计价工程量。

(2)确定综合单价

根据教师提供的卫浴间工程设计施工图、投标报价编制要求和招标文件相关规定,参照

《房屋建筑与装饰工程工程量计算规范》(GB 50854—2013)、2015 年《四川省建设工程工程量清单计价定额》(房屋建筑与装饰工程)分册,结合已拟订的投标施工方案,确定各分部分项工程项目和单价措施项目的综合单价。

3)实训步骤与指导

投标报价时,确定项目的综合单价的思路和步骤与编制招标控制价时基本类似,不同之处在于:编制投标报价时,确定出的综合单价应满足投标人自身的实际需求,例如人工、材料、机械的消耗量标准;采购的材料价格、机械台班价格和劳务价格;依据投标策略所确定的管理费率和利润率等。

确定综合单价的步骤如下:

①依据招标文件中提供的招标工程量清单和设计施工图等资料,按照投标人自身的企业定额、投标施工方案,来确定完成清单项目需要消耗的各种人工、材料、机械台班的数量。需要强调的是,若某些投标人没有企业定额,则可以参照国家、地区或行业定额来综合确定。

②以企业掌握的人工、材料和机械台班单价为基础,按规定程序计算出所组价定额项目的合价。

③将计算出的项目合价除以招标工程量清单中所列的清单项目的工程量,便得到分部分项工程项目的综合单价。

下面根据上述 3 个步骤,举例确定投标报价中分部分项工程项目的综合单价。

【例 5.1】 施工单位根据工程特点和企业实际情况,结合投标小组拟订的投标策略,拟将"铝合金条板吊顶"(011302001031)项目综合单价中的主材"铝合金条板"的价格调低,以增加投标报价的竞争性。

铝合金条板吊顶项目的综合单价分析表,见表 5.2。该表套用的相关定额为 2015 年《四川省建设工程工程量清单计价定额》(房屋建筑与装饰工程)分册,具体内容见分表 5.2.1 和分表 5.2.2。

表 5.2 铝合金条板吊顶清单项目综合单价分析表

工程名称:新建××厂房配套卫浴间 第 1 页 共 1 页

项目编码		011302001031		项目名称		铝合金条板吊顶	计量单位		m²	工程量	50.88
清单综合单价组成明细											
定额编号	定额项目名称	定额单位	数量	单价(元)				合价(元)			
				人工费	材料费	机械费	管理费和利润	人工费	材料费	机械费	管理费和利润
AN0122 换	天棚吊顶 铝合金扣板天棚面层 条形	100 m²	0.01	986.40	3 694.00	—	229.40	9.86	36.94	—	2.29
AN0074	天棚吊顶 铝合金格片式龙骨 间距 150 mm	100 m²	0.01	810.44	2 664.85	—	188.48	8.10	26.65	—	1.88

续表

项目编码		011302001031	项目名称	铝合金条板吊顶	计量单位	m^2	工程量	50.88
人工单价		小　计			17.96	63.59	—	4.17
元/工日		未计价材料费						
清单项目综合单价					85.74			
材料费明细	主要材料名称、规格、型号		单位	数量	单价(元)	合价(元)	暂估单价(元)	暂估合价(元)
	0.5~0.8 mm 厚铝合金条板		m^2	1.020 4	35.00	35.71		
	锯材综合		m^3	0.000 2	2 200.00	0.44		
	铝合金格式龙骨		m^2	1.020 4	25.00	25.51		
	加工铁件		kg	0.002	5.50	0.01		
	预埋铁件		kg	0.2	5.50	1.10		
	其他材料费				—	0.82		
	材料费小计				—	63.59		

注:上述确定综合单价的过程中参照的计价定额为 2015 年《四川省建设工程工程量清单计价定额》(房屋建筑与装饰工程)分册,材料价格参照四川省工程造价管理机构发布的工程造价信息(2018 年 02 期)确定。

分表 5.2.1　铝合金扣板天棚面层

工作内容:1.定位、放线、选料、下料、贴(安装)面层;2.安装收边线。　　　　单位:见表

定额编号				AN0121	AN0122	AN0123
项　目				铝合金扣板天棚面层		
				方形	条形	收边线
				100 m^2		100 m
基　价				5 006.45	5 178.05	761.20
其中	人工费(元)			632.65	764.65	264.00
	材料费(元)			4 184.00	4 184.00	418.00
	机械费(元)			—	—	—
	综合费(元)			189.80	229.40	79.20
名称		单位	单价(元)	数量		

续表

定额编号				AN0121	AN0122	AN0123
材料	铝合金扣板 G100 条形 0.6 mm厚	m^2	40.00	102.000	102.000	—
	小铝条宽 17 mm	m	4.00	—	—	103.000
	锯材综合	m^3	1 200.00	0.020	0.020	—
	其他材料费	元	—	80.000	80.000	6.000

分表 5.2.2 天棚吊顶

工作内容:1.定位、放线、选料、下料、贴(安装)面层;2.安装收边线。 单位:100 m^2

定额编号				AN0073	AN0074	AN0075
项 目				天棚吊顶		
				铝合金格片式龙骨		
				间距		
				100 mm	150 mm	200 mm
基 价				3 564.23	3 471.48	3 389.38
其中	人工费(元)			699.60	628.25	565.10
	材料费(元)			2 654.75	2 654.75	2 654.75
	机械费(元)			—	—	—
	综合费(元)			209.88	188.48	169.53
名称		单位	单价(元)	数量		
材料	铝合金格式龙骨	m^2	25.00	102.000	102.000	102.000
	加工铁件	kg	5.00	0.200	0.200	0.200
	预埋铁件	kg	5.00	20.000	20.000	20.000
	其他材料费	元		3.750	3.750	3.750

由表 5.2 可得“铝合金条板吊顶”(011302001031)项目调整后的综合单价为 85.74 元/m^2。

【例 5.2】 施工单位根据工程特点和企业实际情况,结合投标小组拟订的投标策略,拟将“成品雨篷”(010607003020)项目综合单价中的综合费(管理费及利润)调整为 0,以增加投标报价的竞争性。

外墙面喷刷涂料项目的综合单价分析表,见表 5.3。该表套用的相关定额为 2015 年《四川省建设工程工程量清单计价定额》(房屋建筑与装饰工程)分册,具体内容见分表 5.3.1。

表5.3　成品雨篷清单项目综合单价分析表

工程名称:新建××厂房配套卫浴间　　　　　　　　　　　　　　　　　　　　第1页,共1页

项目编码		010607003020		项目名称		成品雨篷		计量单位	m^2	工程量	4.5
清单综合单价组成明细											
定额编号	定额项目名称	定额单位	数量	单价(元)				合价(元)			
				人工费	材料费	机械费	管理费和利润	人工费	材料费	机械费	管理费和利润
AQ0083换	雨篷夹胶玻璃简支式(点支式)	100 m^2	0.01	12 800.39	97 879.24	2 447.61	0	128.00	978.79	24.48	0
人工单价		小计						128.00	978.79	24.48	0
元/工日		未计价材料费									
清单项目综合单价								1 131.28			

材料费明细	主要材料名称、规格、型号	单位	数量	单价(元)	合价(元)	暂估单价(元)	暂估合价(元)
	夹胶玻璃(采光天棚用)8+0.76+8	m^2	1.05	130.00	136.50		
	不锈钢管	t	0.011	32 000.00	352.00		
	四爪挂件幕墙专用	套	0.669 93	400.00	267.97		
	二爪挂件幕墙专用	套	0.446 62	300.00	133.99		
	成套挂件幕墙专用	套	0.171 8	300.00	51.54		
	钢丝绳 ϕ15.5	m	0.721	5.00	3.61		
	钍钨极棒	g	1.169	0.46	0.54		
	铁件	kg	3.891	4.50	17.51		
	电焊条结422 ϕ3.2	kg	0.02	5.00	0.10		
	其他材料费			—	15.03		
	材料费小计			—	978.79		

注:上述确定综合单价的过程中参照的计价定额为2015年《四川省建设工程工程量清单计价定额》(房屋建筑与装饰工程)分册,材料价格参照四川省工程造价管理机构发布的工程造价信息(2018年02期)确定。

分表 5.3.1　雨篷夹胶玻璃简支式(点支式)(AQ0083)

工作内容:1.简支式:定位、弹线、打眼、选料、制作、安装、校正、打胶、净面等;

2.托架式、铝合金扣板:定位、弹线、选料、下料、安装龙骨、拼装或安装面层等。　单位:100 m^2

定额编号				AQ0083	AQ0084
安装方式				简支式	托架式
基价				114 430.22	54 133.97
其中	人工费(元)			9 922.78	9 626.96
	材料费(元)			9 8101.84	39 185.87
	机械费(元)			2 637.51	1 871.58
	综合费(元)			3 768.09	3 449.56
名称		单位	单价(元)	数量	
材料	夹胶玻璃(采光天棚用)8+0.76+8	m^2	130.00	105.00	—
	夹层玻璃	m^2	103.00	—	103.00
	不锈钢管	t	32 000.00	1.096	—
	型钢(综合)	t	4 000.00	—	5.334
	四爪挂件幕墙专用	套	400.00	66.993	—
	电焊条	kg	5.00	—	192.44
	二爪挂件幕墙专用	套	300.00	44.662	—
	成套挂件幕墙专用	套	300.00	17.18	—
	钢丝绳 ϕ15.5	m	5.00	72.112	—
	钍钨极棒	g	0.46	116.894	—
	铁件	kg	4.50	389.089	—
	电焊条结 422 ϕ3.2	kg	5.00	1.968	—
	其他材料费	元	—	1854.97	6278.67

由表 5.3 可得“成品雨篷”(010607003020)项目调整后的综合单价为 1 131.28 元/m^2。

4)实训成果

各分部分项工程和单价措施项目的综合单价,详见表 5.4 和表 5.5。

任务3　编制分部分项工程量清单与计价表和单价措施项目清单与计价表

1）实训目的

通过本次实训任务，学生应达成以下能力目标：

①能科学合理地编制分部分项工程量清单与计价表；

②能科学合理地编制单价措施项目清单与计价表。

2）实训内容

（1）编制分部分项工程量清单与计价表

根据教师提供的卫浴间工程设计施工图、投标报价编制要求和招标文件相关规定，参照《建设工程工程量清单计价规范》（GB 50500—2013）、《房屋建筑与装饰工程工程量计算规范》（GB 50854—2013），并结合工程项目的实际情况编制分部分项工程量清单与计价表。

（2）编制单价措施项目清单与计价表

根据教师提供的卫浴间工程设计施工图、投标报价编制要求和招标文件相关规定，参照《建设工程工程量清单计价规范》（GB 50500—2013）、《房屋建筑与装饰工程工程量计算规范》（GB 50854—2013），并结合工程项目的实际情况编制单价措施项目清单与计价表。

3）实训步骤与指导

当确定了分部分项工程项目的综合单价以后，将其填入分部分项工程量清单与计价表中，与招标工程量清单中所提供的工程量相乘，即可得到每个分部分项工程项目清单的合价。

投标人不得修改招标工程量清单中的工程量，即使招标工程量清单中提供的工程量有误，也应由招标人负责。把这些清单项目的合价汇总，即得到投标报价中的分部分项工程费。

投标报价中的单价措施项目费也需事先确定综合单价，其步骤同上述分部分项工程项目综合单价的确定步骤，此处不再赘述。

4）实训成果

（1）编制分部分项工程量清单与计价表

分部分项工程量清单与计价表，见表5.4。表格中定额人工费的具体计算过程同项目4。

（2）编制单价措施项目清单与计价表

单价措施项目清单与计价表，见表5.5。

表 5.4　分部分项工程量清单与计价表

工程名称:新建××厂房配套卫浴间　　　　第 1 页 共 1 页

序号	项目编码	项目名称	项目特征	计量单位	工程量	金额(元)		
						综合单价	合价	定额人工费
1	010101001001	平整场地	1.土壤类别:三类土 2.弃、取土运距:投标人自行考虑	m^2	64.47	1.20	77.36	29.66
2	010101003002	挖沟槽土方	1.土壤类别:综合 2.挖土深度:2 m 以内 3.弃土运距:投标人自行考虑	m^3	88.86	20.25	1 799.42	1 231.60
3	010103001003	基础回填	1.密实度要求:符合设计及施工规范 2.填方材料品种:符合工程性质的土 3.填方来源、运距:投标人自行考虑	m^3	64.86	9.79	634.98	361.92
4	010103001004	室内回填	1.土质要求:一般土壤 2.密实度要求:按规范要求,夯填 3.运距:投标人自行考虑	m^3	8.85	9.80	86.73	49.38
5	010103002005	余方弃置	1.土质要求:一般土壤 2.密实度要求:按规范要求,夯填 3.运距:投标人自行考虑	m^3	15.15	9.10	137.87	19.24
6	010401001006	砖基础	1.砖品种、规格、强度等级:MU15 烧结页岩砖 2.基础类型:砖基础 3.砂浆强度等级:M7.5 水泥砂浆 4.防潮层材料种类:1∶2水泥砂浆防潮层加3%~5%防水剂	m^3	14.07	444.99	6 261.01	1 531.10
7	010401003007	实心砖墙;防潮层以上	1.砖品种、规格、强度等级:MU15 烧结页岩砖 2.墙体类型:实心砖墙 3.砂浆强度等级、配合比:M5 混合砂浆	m^3	37.55	468.92	17 607.95	4 938.95

续表

序号	项目编码	项目名称	项目特征	计量单位	工程量	金额(元)		
						综合单价	合价	定额人工费
8	010401003008	女儿墙	1.砖品种、规格、强度等级:MU15烧结页岩砖 2.墙体类型:女儿墙 3.砂浆强度等级、配合比:M5混合砂浆	m^3	2.87	468.92	1 345.80	377.49
9	010404001009	基础垫层	垫层材料种类、配合比、厚度:C20,250 mm	m^3	8.23	471.44	3 879.95	183.61
10	010501001010	浴室排水沟垫层	垫层材料种类、配合比、厚度:C15	m^3	0.52	461.35	239.90	11.60
11	010502002011	构造柱	混凝土强度等级:C25	m^3	4.92	496.62	2 443.37	161.18
12	010503002012	矩形梁	混凝土强度等级:C25	m^3	0.20	487.60	97.52	5.34
13	010503004013	C25混凝土地圈梁	混凝土强度等级:C25	m^3	2.45	487.56	1 194.52	65.39
14	010503004014	圈梁	混凝土强度等级:C25	m^3	2.45	487.56	1 194.52	65.39
15	010503005015	现浇过梁	混凝土强度等级:C20	m^3	0.35	446.54	156.29	26.83
16	010505002016	C25混凝土板	混凝土强度等级:C25	m^3	4.72	488.97	2 307.94	126.54
17	010507003017	浴室排水明沟	1.沟截面:净空250 mm×450 mm,壁厚100 mm 2.垫层材料种类、厚度:C10混凝土,厚度100 mm 3.混凝土强度等级:C25 4.其他:上部塑料箅子	m	8.35	63.65	531.48	66.88
18	010507005018	C15混凝土压顶	混凝土强度等级:C15	m^3	0.65	473.68	307.89	60.83
19	010507007019	C25混凝土止水带	1.构件类型:C25混凝土止水带 2.构件规格:150 mm高,同墙宽,C25混凝土挡水 3.混凝土强度等级:C25	m^3	2.04	512.29	1 045.07	192.41

续表

序号	项目编码	项目名称	项目特征	计量单位	工程量	金额(元)		
						综合单价	合价	定额人工费
20	※010607003020	成品雨篷	材料品种、规格:详见07J501-1-12-JP1-1527(a),尺寸改为1 500 mm×900 mm	m^2	4.5	1 131.28	5 090.76	446.54
21	010902001023	屋面卷材防水	防水层做法:4 mm厚SBS改性沥青防水卷材(Ⅰ型)	m^2	66.55	41.51	2 762.49	415.27
22	※010902003024	屋面刚性层	1.刚性层厚度:25 mm厚 2.砂浆强度等级:1∶2水泥砂浆保护层(掺聚丙烯纤维)	m^2	66.55	22.17	1 475.41	515.76
23	010902004025	屋面排水管	1.排水管品种、规格:PVC *DN*100 2.雨水斗、山墙出水口品种、规格:参见西南11J201-50-2、西南11J201-53-1	m	7.8	52.77	411.61	64.35
24	010902004026	溢流管	1.排水管品种、规格 2.雨水斗、山墙出水口品种、规格 3.接缝、嵌缝材料种类 4.油漆品种、刷漆遍数	m	1.00	21.91	21.91	5.02
25	※011001001027	保温隔热屋面	保温隔热材料品种、规格、厚度:最薄处50 mm厚1∶6水泥焦渣(i=2%)	m^2	55.00	15.53	854.15	285.45
26	011101006028	平面砂浆找平层	找平层厚度、砂浆配合比:20 mm厚 1∶3水泥砂浆找平层	m^2	55.00	16.06	883.30	324.50
27	011102003029	防滑彩色釉面砖地面	1.垫层:100 mm厚C10混凝土垫层 2.防水层:改性沥青一布四涂 3.黏结层:20 mm厚1∶2干硬性水泥砂浆黏合层 4.面层:6 mm厚防滑彩色釉面砖,水泥浆擦缝 5.其他:详见西南11J312-3122DB1	m^2	51.74	196.14	10 148.28	2 605.63

续表

序号	项目编码	项目名称	项目特征	计量单位	工程量	金额(元)		
						综合单价	合价	定额人工费
28	011204003030	彩釉砖内墙面	1.墙体类型:内墙面 2.安装方式:黏结 3.10 mm 厚 1∶3水泥砂浆打底扫毛 4.8 mm 厚 1∶2水泥砂浆黏结层 5.6 mm 厚彩色釉面砖,勾缝剂擦缝 6.其他:详见西南 11J515-N11	m^2	214.83	112.48	24 164.08	7 806.92
29	※011302001031	铝合金条板吊顶	1.吊顶形式、吊杆规格、高度:ϕ8 钢筋吊杆,双向吊顶,中距 900~1 200 mm 2.龙骨材料种类、规格、中距:专用龙骨,中距<300~600 mm 3.面层材料品种、规格:0.5~0.8 mm厚铝合金条板,中距 100,150,200 mm 等 4.其他:详见 11J515-P10	m^2	50.88	85.84	4 367.54	708.76
30	※011407001032	外墙面喷刷涂料	1.基层类型:天棚面一般抹灰面 2.腻子种类:石膏粉腻子 3.刮腻子要求:清理基层,修补,砂纸打磨;满刮腻子二遍 4.涂料种类:详见建施图 5.其他:详见 11J515-P05	m^2	159.21	77.51	12 340.40	8 138.82
合 计							103 869.50	30 822.36

注:表中项目编码前标记“※”的为依据投标策略调整综合单价的项目。其中,铝合金条板吊顶(011302001029)的综合单价是根据例 5.1 调整后,再按照《四川省住房和城乡建设厅关于印发〈建筑业营业税改征增值税四川省建设工程计价依据调整办法〉的通知》(川建造价发〔2016〕349 号)的规定进行调整后得到的;其他标记“※”的项目,如成品雨篷(010607003020)、屋面刚性层(010902003022)、保温隔热屋面(011001001025)、外墙面喷刷涂料(011407001030)均是将综合费调整为 0 后得到的,具体调整过程可参见例 5.2。

表 5.5　单价措施项目清单与计价表

工程名称:新建××厂房配套卫浴间　　　　　　　　　　　　　　　　　　　　　　第 1 页 共 1 页

序号	项目编码	项目名称	项目特征	计量单位	工程量	金额(元)		
						综合单价	合价	定额人工费
1	011701001001	综合脚手架	1.建筑结构形式:砖混结构 2.檐口高度:20 m 以内	m^2	64.47	10.63	685.32	347.49
2	011702003002	构造柱模板	基础类型:条形基础,砌体	m^2	31.30	50.66	1 585.66	566.53
3	011702006003	矩形梁模板	支撑高度:3.6 m 以内	m^2	1.69	51.69	87.36	33.51
4	011702008004	地圈梁模板	1.梁截面形状:矩形 2.支撑高度:3.6 m 以内	m^2	20.39	42.77	872.08	348.87
5	011702008005	圈梁模板	1.梁截面形状:矩形 2.支撑高度:3.6 m 以内	m^2	20.39	42.77	872.08	348.87
6	011702009006	过梁模板	1.梁截面形状:矩形 2.支撑高度:3.6 m 以内	m^2	2.92	45.18	131.93	49.82
7	011702015007	无梁板模板	支撑高度:3.6 m 以内	m^2	50.88	49.83	2 535.35	877.68
8	011702025008	基础垫层模板	构件类型:条形基础垫层	m^2	27.43	31.22	856.36	289.66
9	011702025009	排水沟垫层模板	构件类型:条形基础垫层	m^2	1.67	31.33	52.32	17.64
10	011702025010	压顶模板	构件类型:混凝土压顶	m^2	4.34	77.23	335.18	146.74
11	011702025011	止水带模板	构件类型:混凝土止水带	m^2	17.00	77.36	1 315.12	574.77
12	011703001012	垂直运输	1.建筑物建筑类型及结构形式:砖混结构 2.建筑物檐口高度、层数:单层,20 m 以内	m^2	64.47	11.89	766.55	237.25
合　计							10 095.31	3 838.83

任务 4　编制总价措施项目清单与计价表和其他项目清单与计价汇总表

1）实训目的

通过本次实训任务，学生应能达成以下能力目标：

①能科学合理地编制总价措施项目清单与计价表；

②能科学合理地编制其他项目清单与计价汇总表。

2）实训内容

（1）编制总价措施项目清单与计价表

根据教师提供的卫浴间工程设计施工图、投标报价编制要求和招标文件相关规定，参照《建设工程工程量清单计价规范》（GB 50500—2013）、《房屋建筑与装饰工程工程量计算规范》（GB 50857—2013），并结合工程项目的实际情况编制总价措施项目清单与计价表。

（2）编制其他项目清单与计价汇总表

根据教师提供的卫浴间工程设计施工图、投标报价编制要求和招标文件相关规定，参照《建设工程工程量清单计价规范》（GB 50500—2013）、《房屋建筑与装饰工程工程量计算规范》（GB 50854—2013），并结合工程项目的实际情况编制其他项目清单与计价汇总表。

3）实训步骤与指导

总价措施项目费的计算方法同项目 4。

其他项目费的计算中，暂列金额、暂估价、总承包服务费的计算方法同项目 4；计日工费用的计算中，计日工的项目和数量应按其他项目清单列出的项目和数量，计日工中的单价由投标人自主报价。

4）实训成果

总价措施项目清单与计价表，见表 5.6。

$$\begin{aligned}\text{各总价措施项目费的计算基础} &= \text{分部分项清单项目定额人工费} + \text{单价措施项目定额人工费}\\ &= 30\ 822.36 + 3\ 838.83\\ &= 34\ 661.19(\text{元})\end{aligned}$$

表 5.6　总价措施项目清单与计价表

工程名称：新建××厂房配套卫浴间　　　　第 1 页 共 1 页

序号	项目名称	计算基础	计算基础数值	费率（%）	金额（元）
1	安全文明施工				7 694.78
	环境保护费	分部分项清单项目定额人工费+单价措施项目定额人工费	34 661.19	0.40	138.64

续表

序号	项目名称	计算基础	计算基础数值	费率（%）	金额（元）
	文明施工费	分部分项清单项目定额人工费+单价措施项目定额人工费	34 661.19	5.00	1 733.06
	安全施工费	分部分项清单项目定额人工费+单价措施项目定额人工费	34 661.19	9.60	3 327.47
	临时设施费	分部分项清单项目定额人工费+单价措施项目定额人工费	34 661.19	7.20	2 495.61
2	夜间施工费	分部分项清单项目定额人工费+单价措施项目定额人工费	34 661.19	0.80	277.29
3	二次搬运费	分部分项清单项目定额人工费+单价措施项目定额人工费	34 661.19	0.40	138.64
4	冬雨季施工增加费	分部分项清单项目定额人工费+单价措施项目定额人工费	34 661.19	0.60	207.97
合　计					8 318.69

其他项目清单与计价表见表5.7。暂列金额明细表见分表5.7.1，材料（工程设备）暂估单价表见分表5.7.2，专业工程暂估价表见分表5.7.3，计日工表见分表5.7.4，总承包服务费计价表见分表5.7.5。

表5.7　其他项目清单与计价汇总表

工程名称：新建××厂房配套卫浴间　　　　第1页 共1页

序号	项目名称	金额（元）	备注
1	暂列金额	12 613.71	明细详见分表5.7.1
2	暂估价	3 150.00	
2.1	材料（工程设备）暂估价	—	明细详见分表5.7.2
2.2	专业工程暂估价	3 150.00	明细详见分表5.7.3
3	计日工	967.00	明细详见分表5.7.4
4	总承包服务费	266.75	明细详见分表5.7.5
合　计		16 997.46	—

分表 5.7.1　暂列金额明细表

工程名称:新建××厂房配套卫浴间　　　　第 1 页 共 1 页

序号	项目名称	计量单位	暂定金额(元)	备注
1	暂列金额	元	12 613.71	
合　计			12 613.71	

说明:投标人应将上述暂列金额计入投标总价中。

分表 5.7.2　材料(工程设备)暂估单价表

工程名称:新建××厂房配套卫浴间　　　　第 1 页 共 1 页

序号	材料名称、规格、型号	计量单位	数量		单价		合价(元)		备注
			暂估	确认	暂估	确认	暂估	确认	
1	水泥焦渣	m^3	5.00		45.00		225.00		
2	彩色釉面砖(甲供)	m^2	250.00		50.00		12 500.00		仅用于项目编码为“011204003030”的彩釉砖内墙面项目
合　计							12 725.00		

说明:投标人应将上述材料暂估单价计入工程量清单综合单价报价中。

分表 5.7.3　专业工程暂估价表

工程名称:新建××厂房配套卫浴间　　　　第 1 页 共 1 页

序号	工程名称	工程内容	暂估金额(元)	结算金额(元)	差额±(元)	备注
1	铝合金门 M0921	运输及安装就位	1 600.00			
2	塑钢推拉窗 C1215	运输及安装就位	1 550.00			
合　计			3 150.00			

说明:投标人应将上述专业工程暂估价计入投标总价中。

分表 5.7.4　计日工表

工程名称:新建××厂房配套卫浴间　　　　第 1 页 共 1 页

编号	项目名称	单位	暂定数量	实际数量	综合单价(元)	合价(元)	
						暂定	实际
一	人工						
1	普工	工日	3		100	300.00	

续表

编号	项目名称	单位	暂定数量	实际数量	综合单价（元）	合价（元）	
						暂定	实际
2	技工	工日	3		120	360.00	
人工小计						660.00	
二	材料						
1	钢筋	t	0.05		4 200.00	210.00	
2	水泥 42.5	t	0.2		335	67.00	
材料小计						277.00	
三	施工机械						
1	灰浆搅拌机	台班	1		30.00	30.00	
施工机械小计						30.00	
四	企业管理费和利润					—	
总　计						967.00	

说明：在编制投标报价时，计日工项目和数量应按其他项目清单列出的项目和数量，计日工中的人工单价和施工机械台班单价由投标人自主报价。

分表 5.7.5　总承包服务费计价表

工程名称：新建××厂房配套卫浴间　　　　第 1 页 共 1 页

序号	项目名称	项目价值（元）	服务内容	计算基础	费率(%)	金额（元）
1	发包人发包专业工程及供应材料	3 150.00	按专业工程承包人的要求提供施工工作面并对施工现场进行统一管理，对竣工资料进行统一整理汇总；发包人供应部分材料	专业工程估算价值	4.5	141.75
2	发包人提供材料（彩色釉面砖）	12 500	对发包人自行供应的材料进行保管	材料价值	1.0	125.00
合　计						266.75

说明：本工程根据招标文件，招标人要求总包人对其发包的专业工程既进行总承包管理和协调，又要求提供相应配合服务时，总承包服务费根据招标文件列出的配合服务内容，按发包的专业工程估算造价的 4.5%计算。总包人对招标人自行供应的部分材料进行保管，按相关部分材料价值的 1.0%计算。

任务5　编制规费、税金项目清单与计价表

1)实训目的

通过本次实训任务,学生应能达成以下能力目标:

①能科学合理地编制规费项目清单与计价表;

②能科学合理地编制税金项目清单与计价表。

2)实训内容

(1)编制规费项目清单与计价表

根据教师提供的卫浴间工程设计施工图、投标报价编制要求和招标文件相关规定,参照《建设工程工程量清单计价规范》(GB 50500—2013)、《房屋建筑与装饰工程工程量计算规范》(GB 50854—2013),并结合工程项目的实际情况编制规费项目清单与计价表。

(2)编制税金项目清单与计价表

根据教师提供的卫浴间工程设计施工图、投标报价编制要求和招标文件相关规定,参照《建设工程工程量清单计价规范》(GB 50500—2013)、《房屋建筑与装饰工程工程量计算规范》(GB 50854—2013),并结合工程项目的实际情况编制税金项目清单与计价表。

3)实训步骤与指导

投标人在投标报价时必须按照国家或省级、行业建设主管部门的有关规定计算规费和税金。

规费的计算,地方政府会明确相应的计算基数和计算费率,各工程项目按规定执行即可。例如:2015年《四川省建设工程工程量清单计价定额》(爆破工程 建筑安装工程费用 附录)分册中明确规定:“编制投标报价时,规费按投标人持有的《四川省施工企业工程规费计取标准》证书中核定标准计取,不得纳入投标竞争的范围。投标人未持有《四川省施工企业工程规费计取标准》证书,规费标准有幅度的,按规费标准下限计取。”

现阶段我国建筑行业的工程项目税金均实行增值税的计算模式。

4)实训成果

规费、税金项目清单与计价表见表5.8。本实训案例的规费按照“××企业年度规费取费证”上计取的规费费率进行计算。税率按建筑行业增值税的计算税率10%进行计算。

表 5.8　规费、税金项目清单与计价表

工程名称:新建××厂房配套卫浴间　　　　第 1 页 共 1 页

序号	项目名称	计算基础	计算基础数值	计算费率(%)	金额(元)
1	规费				3 819.66
1.1	社会保险费				3 126.44
(1)	养老保险费	分部分项清单项目定额人工费+单价措施项目定额人工费	34 661.19	6.0	2 079.67
(2)	失业保险费	分部分项清单项目定额人工费+单价措施项目定额人工费	34 661.19	0.40	138.64
(3)	医疗保险费	分部分项清单项目定额人工费+单价措施项目定额人工费	34 661.19	2.00	693.22
(4)	工伤保险费	分部分项清单项目定额人工费+单价措施项目定额人工费	34 661.19	0.50	173.31
(5)	生育保险费	分部分项清单项目定额人工费+单价措施项目定额人工费	34 661.19	0.12	41.59
1.2	住房公积金	分部分项清单项目定额人工费+单价措施项目定额人工费	34 661.19	2.00	693.22
1.3	工程排污费	按工程所在地环境保护部门收取标准按实计人	—	—	—
2	税金	分部分项工程费+措施项目工程费+其他项目费+规费		10	14 310.06

投标报价汇总表,详见表 5.9。

表 5.9　投标报价汇总表

工程名称:新建××厂房配套卫浴间　　　　第 1 页 共 1 页

序号	内容	金额(元)
1	分部分项工程费	103 869.50
2	措施项目费	1 8414.00
2.1	总价措施项目费	8 318.69
2.1.1	其中:安全文明施工费	7 694.78
2.2	单价措施项目费	10 095.31

续表

序号	内容	金额(元)
3	其他项目费	16 997.46
3.1	其中:暂列金额	12 613.71
4	规费	3 819.66
5	税金	14 310.06
投标报价合计=1+2+3+4+5		157 410.68

任务6　编制建筑工程投标报价总说明

1)实训目的

通过本次实训任务,学生应能达成以下能力目标:

能根据工程背景资料,结合编制工程投标报价过程中的实际体验,编制建筑工程投标报价总说明。

2)实训内容

根据自己编制过程中积累的经验,结合实训案例的示范,编制建筑工程投标报价总说明,要求语言精练、逻辑清晰。

3)实训步骤与指导

编制投标报价总说明的要点与编制招标工程量清单总说明的要点大致类似。投标人仍应对相关价格确定的依据作详细说明,例如:人工、材料、机械台班的价格水平是参照投标人的企业定额或是参照同行业其他企业的先进水平;计日工的单价水平是如何确定的;总承包服务费的计算依据和费率是如何确定的等。

4)实训成果

根据实训案例,给出建筑工程投标报价总说明的示范,见表5.10。

表5.10　投标报价总说明

工程名称:新建××厂房配套卫浴间　　　　第1页 共1页

1.工程概况 本工程为××电气设备生产厂投资新建的××厂房配套卫浴间。建筑面积为64.47 m^2,建筑层数1层,砖混结构形式。基础采用条形砖基础,装修标准为一般装修,详见设计施工图中建筑设计施工说明的装饰做法表。

续表

2.工程招标和分包范围

本工程按设计施工图纸范围招标(包括土建及结构工程、装饰装修工程)。除铝合金门 M0921 和塑钢推拉窗 C1215 采用二次专业设计,委托相关材料供应单位供应安装外,其他工程项目均采用施工总承包。

3.投标报价编制依据

(1)《建设工程工程量清单计价规范》(GB 50500—2013);

(2)《房屋建筑与装饰工程工程量计算规范》(GB50854—2013);

(3)2015 年《四川省建设工程工程量清单计价定额》(房屋建筑与装饰工程)分册;

(4)2015 年《四川省建设工程工程量清单计价定额》(爆破工程 建筑安装工程费用 附录)分册;

(5)××设计研究院设计的新建××厂房配套卫浴间施工图及设计文件参照的设计及施工规范;

(6)新建××厂房配套卫浴间工程招标文件及招标工程量清单;

(7)根据工程设计施工图纸和工程特点编制的新建××厂房配套卫浴间工程投标施工方案;

(8)四川省工程造价管理机构发布的工程造价信息(2018 年 02 期);

(9)《四川省建设工程造价管理总站关于对成都市等 18 个市、州 2015 年〈四川省建设工程工程量清单计价定额〉人工费调整的批复》(川建价发〔2017〕49 号)。

4.工程、材料、施工等的特殊要求

(1)土建工程施工质量满足《砌体工程施工质量验收规范》(GB 50203—2011)的规定;

(2)装饰工程施工质量满足《建筑装饰装修工程质量验收标准》(GB 50210—2018)的规定;

(3)工程中内墙彩色釉面砖由甲方供料。甲方应对材料的规范、品质、采购等负责,材料到达工地现场,施工方应和甲方代表共同取样验收,合格后方能用于工程上。

5.其他需要说明的问题

(1)投标报价中分部分项工程量清单与计价表和单价措施项目清单与计价表中列明的项目综合单价包含完成该清单项目所需的人工费、材料和工程设备费、施工机具使用费、企业管理费、利润以及一定范围内的风险费用。

(2)本工程人工费单价按《四川省建设工程造价管理总站关于对成都市等 18 个市、州 2015 年〈四川省建设工程工程量清单计价定额〉人工费调整的批复》(川建价发〔2017〕49 号)进行调整,在原定额人工单价的基础上上浮 29%。

(3)材料价格参照四川省工程造价管理机构发布的工程造价信息(2018 年 02 期)确定。

(4)规费的计算费率按照“××企业年度规费取费证”上计取的规费费率进行计算。

(5)税金的计算按照《四川省住房和城乡建设厅关于印发〈建筑业营业税改征增值税四川省建设工程计价依据调整办法〉的通知》(川建造价发〔2016〕349 号)和《四川省住房和城乡建设厅关于印发〈建筑业营业税改征增值税四川省建设工程计价依据调整办法〉调整的通知》(川建造价发〔2018〕392 号)执行,采用一般计税法。税率按建筑行业增值税的计算税率 10%计算。

任务 7　填写封面及装订

1)实训目的

通过本次实训任务,学生应能达成以下能力目标:

①能口述建筑工程投标报价封面上各栏目的具体含义;

②能根据工程实际情况填写建筑工程投标报价封面；

③能对建筑工程投标报价在编制过程中产生的成果文件进行整理和装订；

④能对建筑工程投标报价在编制过程中产生的底稿文件进行整理和存档。

2) 实训内容

①根据教师提供的卫浴间工程设计施工图、投标报价编制要求和招标文件相关规定，结合工程项目的实际情况，填写建筑工程投标报价封面；

②根据投标报价编制要求、招标文件相关规定和《建设工程工程量清单计价规范》(GB 50500—2013)，对编制过程中已完成的所有成果文件进行整理和装订；

③对编制过程中产生的底稿文件进行整理和存档。

3) 实训步骤与指导

完整的投标报价封面应包括招标人的名称、工程名称、投标总价、投标人的名称、投标人的法定代表人或其授权人的签章、具体编制人的签章，以及具体的编制时间等。投标报价封面上应写明投标总价的大写金额和小写金额。

根据《建设工程工程量清单计价规范》(GB 50500—2013)，最终形成的投标文件按相应顺序排列应为：

①工程项目投标报价封面；

②工程项目投标报价扉页；

③总说明；

④单项工程投标报价汇总表；

⑤单位工程投标报价汇总表；

⑥分部分项工程和单价措施项目清单与计价表；

⑦总价措施项目清单与计价表；

⑧其他项目清单与计价汇总表；

⑨暂列金额明细表；

⑩材料(工程设备)暂估单价表；

⑪专业工程暂估价表；

⑫计日工表；

⑬总承包服务费计价表；

⑭规费、税金项目清单与计价表。

将上述相关表格文件装订成册，即成为完整的投标报价文件。

在编制过程中产生的底稿文件主要包括计价工程量计算表、投标施工方案等，上述资料也应整理和归档，留存电子版或纸质版，以备项目后期查用参照。

4) 实训成果

投标报价封面见表 5.11。

表 5.11　投标报价封面

投标总价

招标人：____________________

工程名称：新建××厂房配套卫浴间

投标总价（小写）：157411 元

（大写）：壹拾伍万柒仟肆佰壹拾壹元

投标人：____________________
（单位盖章）

法定代表人
或其授权人：____________________
（签字或盖章）

编制人：____________________
（造价人员签字盖专用章）

时间：　　年　　月　　日

【实训考评】

编制建筑工程投标报价的项目实训考评包含实训考核和实训评价两个方面。

(1) 实训考核

实训考核是指实训教师在指导学生完成该项目时的具体考查核定方法，应从实训组织、实训方法、措施以及实训时间安排 4 个方面来体现，具体内容详见表 5.12。

表 5.12　实训考核措施及原则

<table>
<tr><th>考核措施
及原则</th><th>实训组织</th><th>实训方法</th><th colspan="2">实训时间安排</th></tr>
<tr><td>措施</td><td>划分实训小组
构建实训团队</td><td>手工计算
软件计算</td><td>内容</td><td>时间(天)</td></tr>
<tr><td rowspan="8">原则</td><td rowspan="8">学生自愿
人数均衡
团队分工明确
分享机制</td><td rowspan="8">两种方法任选其一
两种方法互相验证</td><td>拟订投标施工方案,确定投标策略</td><td>1</td></tr>
<tr><td>复核计价工程量,确定综合单价</td><td>4</td></tr>
<tr><td>编制分部分项工程和单价措施项目清单与计价表</td><td>2</td></tr>
<tr><td>编制总价措施项目清单与计价表</td><td>0.5</td></tr>
<tr><td>编制其他项目清单与计价汇总表</td><td>1</td></tr>
<tr><td>编制规费、税金项目清单与计价表</td><td>0.5</td></tr>
<tr><td>编制投标报价总说明及填写封面</td><td>0.5</td></tr>
<tr><td>投标报价文件整理、复核、装订</td><td>0.5</td></tr>
</table>

(2)实训评价

实训评价主要分为小组自评和教师评价两种方式,具体的评价办法参见表 5.13。

表 5.13　实训评价方式

<table>
<tr><th>评价方式</th><th>项目</th><th>具体内容</th><th>满分分值</th><th>占比</th></tr>
<tr><td rowspan="3">小组自评(20%)</td><td>专业技能</td><td></td><td>12</td><td>60%</td></tr>
<tr><td>团队精神</td><td></td><td>4</td><td>20%</td></tr>
<tr><td>创新能力</td><td></td><td>4</td><td>20%</td></tr>
<tr><td rowspan="10">教师评价(80%)</td><td rowspan="3">实训过程</td><td>团队意识</td><td>12</td><td rowspan="3">40%</td></tr>
<tr><td>沟通协作能力</td><td>10</td></tr>
<tr><td>开拓精神</td><td>10</td></tr>
<tr><td rowspan="4">实训成果</td><td>内容完整性</td><td>8</td><td rowspan="4">40%</td></tr>
<tr><td>格式规范性</td><td>8</td></tr>
<tr><td>方法适宜性</td><td>8</td></tr>
<tr><td>书写工整性</td><td>8</td></tr>
<tr><td rowspan="3">实训考勤</td><td>迟到</td><td>4</td><td rowspan="3">20%</td></tr>
<tr><td>早退</td><td>4</td></tr>
<tr><td>缺席</td><td>8</td></tr>
</table>

项目 6　编制竣工结算价

【实训案例】

(1)工程概况

本工程为新建××厂房配套卫浴间,属于××电气设备生产厂的附属配套建筑。建筑面积为 64.47m²,建筑层数 1 层,砖混结构形式。本项目设计施工图详见附录 4。

(2)编制要求

根据相关编制依据,对项目施工图包含的所有工作内容编制该工程的竣工结算价。

(3)竣工结算价编制依据

①《建设工程工程量清单计价规范》(GB 50500—2013);

②《房屋建筑与装饰工程工程量计算规范》(GB 50854—2013);

③2015 年《四川省建设工程工程量清单计价定额》;

④新建××厂房配套卫浴间工程设计施工图;

⑤新建××厂房配套卫浴间工程投标文件;

⑥发承包双方签订的合同、补充协议等。

⑦《四川省建设工程造价管理总站关于对成都市等 16 个市、州 2015 年〈四川省建设工程工程量清单计价定额〉人工费调整的批复》(川建价发〔2018〕8 号);

⑧《四川省住房和城乡建设厅关于印发〈建筑业营业税改征增值税四川省建设工程计价依据调整办法〉的通知》(川建造价发〔2016〕349 号)、《财政部 税务总局关于调整增值税税率的通知》(财税〔2018〕32 号)、《住房城乡建设部办公厅关于调整建设工程计价依据增值税税率的通知》(建办标〔2018〕20 号)、《四川省住房和城乡建设厅关于贯彻〈财政部 税务总局关于调整增值税税率的通知〉的通知》(川建造价发〔2018〕405 号);

⑨四川省工程造价管理机构发布的工程造价信息(2018 年 02 期)。

(4)竣工结算价编制相关规定

①工程完工后,发承包双方必须在合同约定时间内办理工程竣工结算;

②工程竣工结算应由投标人或受其委托具有相应资质的工程造价咨询人编制,并应由发包人或受其委托具有相应资质的工程造价咨询人核对。

【实训目标】

工程项目完工并经验收合格后,承包人应在规定的时间内,根据所收集的各种设计变更资料和竣工图纸,以及现场签证、工程量核定单、索赔等资料,按照合同约定和相关法律法规编制工程竣工结算文件。该文件是在原合同造价的基础上,将有增减变化的内容,按照施工合同约定的方法,对原合同造价进行相应调整,编制并确定工程实际造价,形成最终结算工程价款的经济文件。该文件经过发包人审核后,发承包双方应在合同约定的时间内办理完成工程竣工结算。工程竣工结算准确完整,既有利于业主控制投资,又能帮助承包人控制成本,计算盈亏。

通过该实训项目,学生应达到以下要求:

①能够理解工程竣工结算的概念和意义;

②能够理解工程竣工结算的地位和作用;

③能够收集工程竣工结算所需要的资料并进行分析和判断;

④能够根据收集的资料编制竣工结算价。

任务1 编制竣工结算价准备工作

1)实训目的

通过本次实训任务,学生应能达成以下能力目标:

①能收集到工程竣工结算所需要的资料;

②从收集的资料中判断出能用于编制竣工结算价的资料。

2)实训内容

①收集资料。根据教师提供的资料,了解工程实施的情况。

②判断资料。判断所收集的资料,找出能用于编制竣工结算价的资料。

3)实训步骤与指导

对从项目开始到项目结束的所有资料进行收集、分类、汇总,并根据工程实际情况判断工程竣工结算时这些资料是否影响结算价,是否使用,使用后是否会发生争议等,这对工程竣工结算非常重要。《建设工程工程量清单计价规范》(GB 50500—2013)规定下列事项(但不限于)发生,发承包双方应当按照合同约定调整合同价款:

①法律法规变化;

②工程变更;

③项目特征不符;

④工程量清单缺项;

⑤工程量偏差;

⑥计日工;

⑦物价变化；

⑧暂估价；

⑨不可抗力；

⑩提前竣工(赶工补偿)；

⑪误期赔偿；

⑫索赔；

⑬现场签证；

⑭暂列金额；

⑮发承包双方约定的其他调整事项。

因此，在工程竣工结算时，除编制投标报价时需要用到的资料外，还需要收集的资料主要有以下几类：

(1)出现变化的法律法规文件

一个项目的实施短则几个月，长则几年，期间国家和政府的法律法规在不断地发生变化，那么在工程竣工结算时，要着重关注与项目建设有关的法律法规的发布时间和实施时间。一般情况下，要重点收集以下几类法律法规文件：

①费用调整类文件。费用调整类文件主要包括两种：一种是费用组成类文件，这种文件一般由国务院下属部门发布，通常是几年一次，发布时往往伴随着一系列文件的调整，因为结算时费用的组成要与投标时一致，所以这类文件在竣工结算时一般用不到；另一种是费用值的调整文件，这种文件一般由地方政府或其下属部门发布，主要是为了适应当前的经济形势，对人工、材料、机械等费率或是数值进行调整，因为物价波动频繁，所以此类文件往往几个月就会发布一次，施工中的项目也会受到物价波动的影响，因此在竣工结算时要用到此类文件。

例如，《四川省建设工程造价管理总站关于对成都市等 16 个市、州 2015 年〈四川省建设工程工程量清单计价定额〉人工费调整的批复》(川建价发〔2018〕8 号)。

②税率调整类文件。建设项目的税金按照国家财政部的文件执行，当财政部进行税率调整时，只要是建设工程涉及的税，都必须按照文件执行。

例如，《住房城乡建设部办公厅关于调整建设工程计价依据增值税税率的通知》(建办标〔2018〕20 号)。

(2)现场签证资料

现场签证是指按承发包合同约定，由承发包双方代表就施工过程中涉及合同价款之外的责任事件所作的签认证明。它是施工合同履行过程中，承发包双方根据合同约定，就合同价款之外的费用补偿、工期顺延以及因各种原因造成的损失赔偿达成的补充协议。现场签证单是经济文件，可以直接作为结算凭证。

在施工过程中，出现场地条件、地质水文、发包人要求等与合同内容不一致时，承包人应提供所需的相关资料，并提交发包人签证认可，作为合同价款调整的依据。合同工程发生现场签证事项，未经发包人签证确认，承包人便擅自施工的，除非征得发包人书面同意，否则发生的费用应由承包人承担。

(3)工程变更资料

导致工程变更的原因有很多，主要包括以下几点：

①业主原因:工程规模、使用功能、工艺流程、质量标准的变化,以及工期改变等对合同内容的调整。

②设计原因:设计错漏、设计调整,或因自然因素及其他因素进行的设计变更等。

③施工原因:因施工质量或安全需要变更施工方法、作业顺序和施工工艺等。

④监理原因:监理工程师出于工程协调和对工程目标控制有利等方面的考虑,提出的施工工艺、施工顺序的变更。

⑤合同原因:原订合同的部分条款因客观条件变化,需要结合实际情况修正和补充。

⑥环境原因:不可预见的自然因素和工程外部环境变化导致工程变更。

不管是哪个因素造成的变更,都应当填写相应的工程变更表格。工程变更是技术文件,不能直接作为结算凭证,应附在现场签证单后面,作为签证单的证明以供审计。

(4)材料价格信息表

在工程施工过程中,材料的市场价格发生了波动,其涨跌幅度超过合同约定的风险时,需要重新确定材料价格。

常用表格参见表6.1。

表6.1　材料价格信息表

类别	基准价(元/m^3)	平均价格(元/m^3)	可调单价(元/m^3)

(5)暂估材料(含甲供材料)、未定价材料确认表

在招投标阶段,甲供材料和未定价材料的价格是以暂估价的形式存在于招标文件和投标文件中的。竣工结算时,需要对其价格进行确认。

常用表格参见表6.2。

表6.2　暂估材料(含甲供材料)、未定价材料确认表

序号	材料名称、规格、型号	计量单位	确认单价(元)	部位

(6)专业工程暂估价确认表

在招投标阶段,分包工程需要等到总包确定后再进行招标,因此在招标文件和投标文件中是以暂估价的形式存在的。竣工结算时,分包工程已经完成了招投标,并且已经竣工,因此需要对其价格进行确认。

常用表格参见表6.3。

表6.3　专业工程暂估价确认表

序号	工程名称	计量单位	确认不含税包干单价(元)	备注

(7)安全文明施工费费率评价表

在工程施工过程中,需要根据现场情况对环境保护、文明施工、安全施工和临时设施分别

进行评分，竣工结算时根据该评分计算安全文明施工费的费率。

常用表格参见表6.4。

表6.4　安全文明施工费费率评价表

<table>
<tr><td colspan="5">安全监督管理机构评价结论</td></tr>
<tr><td>最终综合评价得分</td><td>等级</td><td colspan="3" rowspan="2">安全监督管理机构(盖章)
年　月　日
经办人签字：
负责人签字：</td></tr>
<tr><td></td><td></td></tr>
<tr><td>费用名称</td><td>计费基数</td><td>基本费费率(%)</td><td>现场评价费费率(%)</td><td>测定费率(%)</td></tr>
<tr><td>环境保护费</td><td rowspan="4"></td><td></td><td></td><td></td></tr>
<tr><td>文明施工费</td><td></td><td></td><td></td></tr>
<tr><td>安全施工费</td><td></td><td></td><td></td></tr>
<tr><td>临时设施费</td><td></td><td></td><td></td></tr>
</table>

任务2　调整综合单价和计算分部分项工程费

1)实训目的

通过本次实训任务，学生应能达成以下能力目标：

①能根据设计施工图和投标文件，结合工程项目的实际情况和收集的竣工结算资料，调整分部分项工程项目的综合单价；

②根据调整后的综合单价计算分部分项工程费。

2)实训内容

(1)调整综合单价

根据教师提供的卫浴间工程设计施工图、投标文件、收集的竣工结算资料和竣工结算书的相关规定，参照《建设工程工程量清单计价规范》(GB 50500—2013)和2015年《四川省建设工程工程量清单计价定额》，并结合工程项目的实际情况调整分部分项工程项目的综合单价。

(2)计算分部分项工程费

根据教师提供的卫浴间工程设计施工图、投标文件、收集的竣工结算资料和竣工结算书的相关规定，参照《建设工程工程量清单计价规范》(GB 50500—2013)和2015年《四川省建设工程工程量清单计价定额》，用调整后的综合单价计算分部分项工程费。

3)实训步骤与指导

当根据竣工结算资料调整了分部分项工程项目的综合单价后，将其填入分部分项工程量清单与计价表中，与投标文件所提供的工程量相乘，得到每个分部分项工程项目清单的合价。

承包人不得擅自修改投标文件中的工程量，如果要修改，则必须通过现场签证并经发包人确认才行。把这些清单项目的合价汇总，即可得到调整后的分部分项工程费。

(1)人工费的调整

《建设工程工程量清单计价规范》(GB 50500—2013)规定，招标工程以投标截止日前28天，非招标工程以合同签订前28天为基准日，其后国家的法律、法规、规章和政策发生变化影响工程造价的，应按省级或行业建设主管部门或其授权的工程造价管理机构发布的规定调整综合单价。因承包人原因导致工期延误的，虽然符合前述的时间范围，但是在合同工程原定竣工时间之后，合同价款调增的不予调整，合同价款调减的予以调整。

实训案例开标日期为2018年6月10日。2018年5月30日，四川省建设工程造价管理总站发布了《四川省建设工程造价管理总站关于对成都市等16个市、州2015年〈四川省建设工程工程量清单计价定额〉人工费调整的批复》(川建价发〔2018〕8号)。此次批准的人工费调整幅度和计日工人工单价从2018年7月1日起与2015年《四川省建设工程工程量清单计价定额》配套执行。因为开标日期与文件发布日期不足28天，所以结算时综合单价应当按照文件进行调整。

以“平整场地”为例，其定额人工费是45.70元/100 m^2，招标控制价是58.95元/100 m^2，投标文件的人工费是58.95元/100 m^2，结算时的人工费单价为45.70×(1+32%)≈60.32元/100 m^2。这样平整场地的综合单价就发生了变化，其综合单价分析表见表6.5。

表6.5　综合单价分析表

工程名称：新建××厂房配套卫浴间　　　　第1页 共1页

项目编码		010101001001		项目名称		平整场地		计量单位	m^2	工程量	64.47
清单综合单价组成明细											
定额编号	定额项目名称	定额单位	数量	单价(元)				合价(元)			
				人工费	材料费	机械费	管理费和利润	人工费	材料费	机械费	管理费和利润
AA0001	平整场地	100 m^2	0.01	60.32		48.97	12.17	0.60		0.49	0.12
人工单价		小　计						0.60		0.49	0.12
元/工日		未计价材料费									
清单项目综合单价								1.21			
材料费明细	主要材料名称、规格、型号					单位	数量	单价(元)	合价(元)	暂估单价(元)	暂估合价(元)
	其他材料费							—		—	
	材料费小计							—		—	

(2)工程变更

工程变更是指在工程施工过程中,根据合同约定,对施工的内容、工程数量、质量要求等做出的变更。因工程变更引起的,已标价工程量清单项目或其工程数量发生变化的,应对合同价款进行调整。

实训案例在施工过程中,根据甲方要求,对地圈梁截面尺寸进行了变更,见表6.6。

表6.6　设计变更通知单

<table>
<tr><td>工程名称</td><td></td><td>变更单编号</td><td></td></tr>
<tr><td>建设单位</td><td></td><td>施工单位</td><td></td></tr>
<tr><td>设计单位</td><td>××建筑设计研究院有限公司</td><td>相关图号</td><td></td></tr>
<tr><td colspan="4">变更内容及简图:
根据甲方要求,做以下变更:
将地圈梁的尺寸240 mm×180 mm变为240 mm×240 mm,地圈梁的材料和顶标高不变。
设计人:
年　月　日</td></tr>
<tr><td colspan="2">设计单位意见:
签字(公章)
年　月　日</td><td colspan="2">建设单位验收:
签字(公章)
年　月　日</td></tr>
<tr><td colspan="4">施工图审批机构意见:
签字(公章)
年　月　日</td></tr>
</table>

招标工程量清单中,C25混凝土地圈梁的截面尺寸为240 mm×180 mm,工程量为2.45 m^3,在招标人编制招标控制价和投标人投标报价时,因为必须响应业主的要求,同时并没有开始实施项目,所以C25混凝土地圈梁的工程量也是2.45 m^3。但是在工程施工过程中接到设计变

更,实际施工的尺寸变为 240 mm×240 mm,因此结算时,就需要按照经业主(或监理工程师)确认的实际施工尺寸计算工程量,实际工程量为:$0.24\times0.24\times\{(3.73+16)\times2+[(3.73-0.24)+(1.8-0.12)\times2]\times2+(3.73-0.24)\}\approx3.26(m^3)$。

地圈梁的截面尺寸发生变化肯定会影响其他构件的工程量,因为设计变更中说明地圈梁的顶标高不发生变化,所以只会影响砖基础的工程量,而不会影响砖墙的工程量。在竣工结算时,大部分构件的工程量与投标文件是一样的,而投标文件必须响应招标文件,因此大部分构件的工程量与招标工程量清单是一样的,所以只需要计算发生变更的构件的工程量。这里,砖基础的工程量只需要用清单中砖基础的工程量减去地圈梁增加的工程量即可,招标工程量清单中砖基础的工程量为 14.07 m^3,则变更后的砖基础工程量为:$14.07-(3.26-2.45)=13.26(m^3)$。

最后还应注意,构件工程量的变更是否会影响单价措施项目,导致单价措施项目工程量发生变化,具体见任务3。

至此,该设计变更导致的构件工程量的变化才算计算完成。

(3)工程量偏差

因为自然环境、施工条件、工程变更以及工程量清单编制人的原因,导致实际施工时构件的工程量有可能与招标工程量清单发生偏差,该偏差可能为正,也可能为负,偏差也有大有小。从综合成本分摊的角度看,偏差太小,导致的不公平几乎可以忽略不计;偏差越大,这种不公平就会越大。同时,偏差为正,即工程量增加,竣工结算时按原综合单价计价,对发包人不公平;偏差为负,即工程量减少,竣工结算时只按综合单价计价,对承包人不公平。因此,根据该偏差对工程量清单项目的综合单价产生的影响程度,竣工结算时应进行确认,以判断是否进行调整。

《建设工程工程量清单计价规范》(GB 50500—2013)规定,因工程变更引起已标价工程量清单项目或其工程数量发生变化时,应按照下列规定进行调整:

①已标价工程量清单中有适用于变更工程项目的,应采用该项目的单价;但当工程变更导致该清单项目的工程数量发生变化,且工程量偏差超过15%时可进行调整。调整原则:当工程量增加15%以上时,增加部分的工程量的综合单价应予调低;当工程量减少15%以上时,减少后剩余部分的工程量的综合单价应予调高。

②已标价工程量清单中没有适用但有类似于变更工程项目的,可在合理范围内参照类似项目的单价。

③已标价工程量清单中没有适用也没有类似于变更工程项目的,由承包人根据变更工程资料、计量规则和计价办法、工程造价管理机构发布的信息价格和承包人报价浮动率提出变更工程项目的单价,报发包人确认后调整。承包人报价浮动率可按下列公式计算:

招标工程:

$$承包人报价浮动率\ L=(1-中标价/招标控制价)\times100\%$$

非招标工程:

$$承包人报价浮动率\ L=(1-报价/施工图预算)\times100\%$$

④已标价工程量清单中没有适用也没有类似于变更工程项目,且工程造价管理机构发布的信息价格缺价的,由承包人根据变更工程资料、计量规则、计价办法和通过市场调查等取得有合法依据的市场价格提出变更工程项目的单价,报发包人确认后调整。

这里紧接上述工程变更的例子,合同约定:合同中已有适用于变更工程的价格,且工程量增减在15%以内(含15%),按合同已有的价格(中标人的中标单价)变更合同价款;合同中已有适用于变更工程的价格,但工程量增(减)超过15%时,按合同已有的单价下调(或上浮)5%,变更合同价款。

首先判断混凝土地圈梁的工程量偏差,即(3.26−2.45)/2.45×100%≈33.06%>15%。可知混凝土地圈梁的工程量增加超过了15%,因此增加部分的工程量的综合单价应予调低。中标价(投标价)中混凝土地圈梁的综合单价为487.56元/m^3,合价为1 194.13元,根据合同约定,超过部分的单价在中标单价的基础上下调5%,即487.56×(1−5%)≈463.18(元/m^3)。

因此,混凝土地圈梁的竣工结算价款为:

$$2.45 \times 1.15 \times 487.56 + (3.26 - 2.45 \times 1.15) \times 463.18 \approx 1\ 578.66(元)$$

在填写分部分项工程量清单与计价表时,在投标报价的基础上,将原项目"C25混凝土地圈梁"的工程量改填为2.45×(1+15%)≈2.82(m^3),综合单价不变;同时增加一项"C25混凝土地圈梁(工程量增加超过15%以外调整)",工程量填写为3.26−2.82=0.44(m^3),综合单价则填写下调5%后的价格463.18元/m^3。填写的分部分项工程量清单与计价表,见表6.7。

表6.7　分部分项工程量清单与计价表

工程名称:新建××厂房配套卫浴间　　　　第1页 共1页

项目编码	项目名称	项目特征描述	计量单位	工程量	金额(元)			
					综合单价	合价	其中	
							定额人工费	暂估价
010503004013	C25混凝土地圈梁	混凝土强度等级:C25	m^3	2.82	487.56	1 374.92	75.27	
010503004031	C25混凝土地圈梁(工程量增加超过15%以外调整)	混凝土强度等级:C25	m^3	0.44	463.18	203.80	71.51	

然后判断砖基础的工程量偏差,即(14.07−13.26)/13.26×100%≈6.11%<15%。可知砖基础的工程量增加没有达到15%,此时该项目的综合单价不进行调整,中标价(投标价)为444.99元/m^3,竣工结算时的综合单价仍按照444.99元/m^{3}执行。

在填写分部分项工程量清单与计价表时,在投标报价的基础上,只需要将工程量由14.07 m^{3}改为13.26 m^3,综合单价不进行调整。填写的分部分项工程量清单与计价表,见表6.8。

表6.8 分部分项工程量清单与计价表

工程名称:新建××厂房配套卫浴间 第1页 共1页

项目编码	项目名称	项目特征描述	计量单位	工程量	金额(元)			
					综合单价	合价	其中	
							定额人工费	暂估价
010401001006	砖基础	1.砖品种、规格、强度等级:MU15烧结页岩砖 2.基础类型:砖基础 3.砂浆强度等级:M7.5水泥砂浆 4.防潮层材料种类:1∶2水泥砂浆防潮层 加3%~5%防水剂	m^3	13.26	444.99	5 900.57	1 442.95	

(4)项目特征不符

项目特征主要是指分部分项工程和单价措施项目清单与计价表中的项目特征。它是反映分部分项工程和单价措施项目最本质的特征,是确定其价值和套用定额的依据,是确定综合单价的前提,也是履行合同的基础。在中标后,项目实施时,如果实际施工的项目特征与中标时的项目特征不符,应根据实际情况进行调整。

《建设工程工程量清单计价规范》(GB 50500—2013)规定,发包人在招标工程量清单中对项目特征的描述,应被认为是准确和全面的,并且与实际施工要求相符合。承包人应按照发包人提供的招标工程量清单,根据项目特征描述的内容及有关要求实施合同工程,直到项目被改变为止。承包人应按照发包人提供的设计图纸实施合同工程,若在合同履行期间出现设计图纸(含设计变更)与招标工程量清单任一项目的特征描述不符,且该变化引起该项目工程造价增减变化的,应按照实际施工的项目特征,按本规范规定重新确定相应工程量清单项目的综合单价,并调整合同价款。

导致项目特征与实际施工不同,有可能是发包人造成的,也有可能是承包人造成的,下面分别进行分析。

①因发包人原因导致的项目特征不符。如果发包人在招标文件中对项目特征描述错误或是与图纸不符,而投标人在投标时又必须以招标文件为准,这就导致投标文件中的项目特征描述有可能与实际施工不符。在项目施工过程中,承包人是依据图纸和合同要求施工的,这时就会发生投标文件中的项目特征描述与实际施工不一致的情况,此时就应当按照实际施工结算工程价款。

还有一种情况是,招标文件中项目特征描述与图纸一样,因此投标文件中的项目特征描述也与图纸一样。但是在项目施工过程中,发包人批准了设计变更,导致实际施工的情况与投标文件不符,此时也应当按照实际施工结算工程价款。

实训案例中,投标文件中的基础垫层分部分项工程量清单与计价表见表6.9。

表6.9　分部分项工程量清单与计价表

工程名称:新建××厂房配套卫浴间　　　　第1页 共1页

项目编码	项目名称	项目特征描述	计量单位	工程量	金额(元)			
					综合单价	合价	其中	
							定额人工费	暂估价
010404001009	基础垫层	垫层材料种类、配合比、厚度:C20,250 mm	m^3	8.23	471.44	3 879.95	183.61	

施工图上,基础垫层的混凝土强度等级为C20,投标时也是按照C20混凝土编制的综合单价。但是在施工过程中,承包人收到技术核定单(见表6.10),经设计单位确认后,实际施工时,基础垫层的混凝土强度等级由原图纸的C20变成C10,也就是说实际施工时的情况和投标时的项目特征描述不一样,竣工结算时,就必须按照实际施工时采用的C10编制综合单价。

表6.10　技术核定单

工程名称:新建××厂房配套卫浴间　　　　第1页 共1页

<table>
<tr><td colspan="2">提出单位</td><td></td><td>施工图号或部位</td><td>基础垫层</td></tr>
<tr><td colspan="2">工程名称</td><td></td><td>核定性质</td><td>变更</td></tr>
<tr><td rowspan="2">核定内容</td><td colspan="4">所有基础下的混凝土垫层的材料由C20改为C10,其他项目不变。</td></tr>
<tr><td colspan="4">注册建造师(项目经理):　　　　技术负责人:</td></tr>
<tr><td>监理(建设)单位意见</td><td colspan="4">请设计单位确认后施工。
签字:
年　月　日</td></tr>
<tr><td>设计单位意见</td><td colspan="4">同意按此核定施工。
签字:
年　月　日</td></tr>
</table>

竣工结算时,基础垫层的综合单价分析表见表6.11。

表6.11　基础垫层综合单价分析表

工程名称:新建××厂房配套卫浴间　　　　　　　　　　第1页 共1页

项目编码		010404001009		项目名称		基础垫层		计量单位	m^3	工程量	8.23
清单综合单价组成明细											
定额编号	定额项目名称	定额单位	数量	单价(元)				合价(元)			
				人工费	材料费	机械费	管理费和利润	人工费	材料费	机械费	管理费和利润
AE0017换	垫层 商品混凝土 C10	$10m^3$	0.1	294.43	3 747.73	9.33	63.64	29.44	374.77	0.93	6.36
人工单价		小　计						29.44	374.77	0.93	6.36
元/工日		未计价材料费									
清单项目综合单价								411.51			
材料费明细	主要材料名称、规格、型号					单位	数量	单价(元)	合价(元)	暂估单价(元)	暂估合价(元)
	商品混凝土 C10					m^3	1.01	370.00	373.70		
	水					m^3	0.24	3.15	0.76		
	其他材料费							—	0.31	—	
	材料费小计							—	374.77	—	

竣工结算时,基础垫层的分部分项工程量清单与计价表见表6.12。

表6.12　分部分项工程量清单与计价表

工程名称:新建××厂房配套卫浴间　　　　　　　　　　第1页 共1页

项目编码	项目名称	项目特征描述	计量单位	工程量	金额(元)			
					综合单价	合价	其中	
							定额人工费	暂估价
010404001009	基础垫层	垫层材料种类、配合比、厚度:C10,250 mm	m^3	8.23	411.51	3 386.73	183.61	

②因承包人原因导致的项目特征不符。承包人必须响应发包人的要求,按照图纸和合同施工,如果承包人擅自改变图纸或是不按图施工,发包人有权要求承包人拆除并不予支付价款,并且对工期和成本不予补偿。因此,因承包人原因导致的项目特征不符,并不影响竣工结

算价款。

(5)材料费的调整

①材料变更。同项目特征不符的处理。

②物价变化。合同履行期间,因人工、材料、工程设备、机械台班价格波动影响合同价款时,应根据合同约定,采用价格指数法或是造价信息差额调整法进行调整。承包人采购材料和工程设备的,应在合同中约定主要材料、工程设备价格变化的范围或幅度;当没有约定,且材料、工程设备单价变化超过5%时,超过部分的价格应当按照价格指数法或是造价信息差额调整法计算调整材料、工程设备费。

实训案例中,发包人与承包人在合同中约定的条款摘录如下:施工期间建筑材料价格波动幅度,主要材料价格以投标时价格为基准价,施工期间调价时选择基准价与当期发生的主要建筑材料相比,价格波动幅度在5%(含5%)以内不予调整,施工期间价格波动幅度超过5%时,竣工结算时只对合同预定的主要建筑材料价格超过5%部分予以调整,除主要建筑材料外的其他材料不予调整。

在工程施工过程中出现了材料价格波动,商品混凝土在投标时的价格为340.00元/m^3,施工时当期价格为440.00元/m^3,具体情况见表6.13。

表6.13　商品混凝土材料价格信息表

工程名称:新建××厂房配套卫浴间　　　　第1页 共1页

类别	基准价(元/m^3)	平均价格(元/m^3)	可调单价(元/m^3)
商品混凝土 C25	340.00	440.00	100.00

此处采用造价信息差额调整法,按照合同要求,以投标时的价格340.00元/m^3作为基准价计算涨幅。

$$(440 \div 340 - 1) \times 100\% \approx 29.41\% > 5\%$$

涨幅超过了5%,合同条款约定只对已标价工程量清单中约定材料价格的超过部分调整,因此调整的价格为340+340×(29.41%-5%)≈422.99(元/m^3)。

竣工结算时价格调整结果见表6.14。

表6.14　承包人提供材料和工程设备一览表

(适用于造价信息差额调整法)

工程名称:新建××厂房配套卫浴间　　　　第1页 共1页

序号	名称、规格、型号	单位	数量	风险系数	基准单价(元/m^3)	投标单价(元/m^3)	发承包人确认单价(元/m^3)	备注
1	商品混凝土 C25	m^3	15.387	≤5	340.00	340.00	422.99	

对使用了商品混凝土C25的分部分项工程的综合单价进行调整。这里以C25混凝土地圈梁为例，综合单价分析见表6.15。

表6.15　综合单价分析表

工程名称：新建××厂房配套卫浴间　　　　第1页 共1页

<table>
<tr><td colspan="2">项目编码</td><td colspan="2">010503004013</td><td colspan="2">项目名称</td><td colspan="2">C25混凝土地圈梁</td><td>计量单位</td><td>m^3</td><td>工程量</td><td>2.82</td></tr>
<tr><td colspan="12">清单综合单价组成明细</td></tr>
<tr><td rowspan="2">定额编号</td><td rowspan="2">定额项目名称</td><td rowspan="2">定额单位</td><td rowspan="2">数量</td><td colspan="4">单价(元)</td><td colspan="4">合价(元)</td></tr>
<tr><td>人工费</td><td>材料费</td><td>机械费</td><td>管理费和利润</td><td>人工费</td><td>材料费</td><td>机械费</td><td>管理费和利润</td></tr>
<tr><td>AE0112</td><td>梁　商品混凝土C25</td><td>$10m^3$</td><td>0.1</td><td>352.24</td><td>4 268.12</td><td>14.94</td><td>77.25</td><td>35.22</td><td>426.81</td><td>1.49</td><td>7.73</td></tr>
<tr><td colspan="2">人工单价</td><td colspan="6">小　计</td><td>35.22</td><td>426.81</td><td>1.49</td><td>7.73</td></tr>
<tr><td colspan="2">元/工日</td><td colspan="6">未计价材料费</td><td colspan="4"></td></tr>
<tr><td colspan="8">清单项目综合单价</td><td colspan="4">471.25</td></tr>
<tr><td rowspan="5">材料费明细</td><td colspan="5">主要材料名称、规格、型号</td><td>单位</td><td>数量</td><td>单价(元)</td><td>合价(元)</td><td>暂估单价(元)</td><td>暂估合价(元)</td></tr>
<tr><td colspan="5">商品混凝土C25</td><td>m^3</td><td>1.005</td><td></td><td></td><td>422.99</td><td>425.10</td></tr>
<tr><td colspan="5">水</td><td>m^3</td><td>0.301</td><td>3.15</td><td>0.95</td><td></td><td></td></tr>
<tr><td colspan="7">其他材料费</td><td>—</td><td>0.76</td><td>—</td><td></td></tr>
<tr><td colspan="7">材料费小计</td><td>—</td><td>1.71</td><td>—</td><td>425.10</td></tr>
</table>

③材料暂估价的确认。《建设工程工程量清单计价规范》(GB 50500—2013)规定，发包人在招标工程量清单中给定暂估价的材料、工程设备属于依法必须招标的，应由发承包双方以招标的方式选择供应商，确定价格，并应以此为依据取代暂估价，调整合同价款；发包人在招标工程量清单中给定暂估价的材料、工程设备不属于依法必须招标的，应由承包人按照合同约定采购，经发包人确认单价后取代暂估价，调整合同价款。

实训案例中，投标报价材料暂估价见表6.16。

表 6.16　材料暂估价表

工程名称：新建××厂房配套卫浴间　　　　第 1 页 共 1 页

序号	材料名称、规格、型号	计量单位	数量		单价		合价(元)		差额±(元)		备注
			暂估	确认	暂估	确认	暂估	确认	单价	合价	
1	水泥焦渣	m^3	5.00		45.00		225.00				
2	彩色釉面砖(甲供)	m^2	250.00		50.00		12 500.00				
合　计							12 725.00				

在工程施工过程中，发包人对承包人提交的暂估材料的价格进行了确认，具体见表 6.17。

表 6.17　新建××厂房配套卫浴间材料价格确认表

工程部 2018 第〔130〕号

新建××厂房配套卫浴间项目部：

经过我公司工程管理办公室对你部报××厂房配套卫浴间材料产品报价进行审核，材料结算价格核定如下表所示。

暂估材料(含甲供材料)、未定价材料确认表

序号	材料名称、规格、型号	计量单位	确认单价(元)	部位
1	水泥焦渣	m^3	60.00	保温隔热屋面
2	彩色釉面砖(甲供)	m^2	70.00	墙面

在竣工结算时，应将确认后的暂估材料单价替换投标时的价格。这里以水泥焦渣为例，首先是填写材料(工程设备)暂估单价及调整表，见表 6.18。

表 6.18　材料(工程设备)暂估单价及调整表

工程名称：新建××厂房配套卫浴间　　　　第 1 页 共 1 页

序号	材料名称、规格、型号	计量单位	数量		单价		合价(元)		差额±(元)		备注
			暂估	确认	暂估	确认	暂估	确认	单价	合价	
1	水泥焦渣	m^3	4.015	4.015	45.00	60.00	180.68	240.90	15.00	60.22	

然后修改综合单价分析表，将投标报价中水泥焦渣的价格由 45.00 元/m^3 改为 60.00 元/m^3，同时表中材料明细的暂估单价和合价不再填写，修改后的综合单价分析表见表 6.19。

表 6.19 综合单价分析表

工程名称:新建××厂房配套卫浴间　　　　第1页 共1页

项目编码		011001001027		项目名称		保温隔热屋面		计量单位	m^2	工程量	55.00
清单综合单价组成明细											
定额编号	定额项目名称	定额单位	数量	单价(元)				合价(元)			
				人工费	材料费	机械费	管理费和利润	人工费	材料费	机械费	管理费和利润
AK0015换	保温隔热屋面水泥焦渣	$10m^3$	0.006	1 142.46	1 655.18	—	181.76	6.85	9.93	—	1.09
人工单价		小　计						6.85	9.93		1.09
元/工日		未计价材料费									
清单项目综合单价								17.87			
材料费明细	主要材料名称、规格、型号					单位	数量	单价(元)	合价(元)	暂估单价(元)	暂估合价(元)
	水泥焦渣混凝土 1∶6					m^3	0.059 8	165.07	9.87		
	水泥 32.5					kg	[14.655]	0.375	(5.50)		
	焦渣					m^3	[0.073]	60.00	(4.38)		
	水					m^3	0.018	3.15	0.06		
	其他材料费							—		—	
	材料费小计							—	9.93	—	

最后修改分部分项工程量清单与计价表。填写时应注意,金额中的暂估价应当删除,不再填写。分部分项工程量清单与计价表的具体填写见表6.20。

表 6.20 分部分项工程量清单与计价表

工程名称:新建××厂房配套卫浴间　　　　第1页 共1页

项目编码	项目名称	项目特征描述	计量单位	工程量	金额(元)			
					综合单价	合价	其中	
							定额人工费	暂估价
011001001027	保温隔热屋面	保温隔热材料品种、规格、厚度:最薄处 50 mm 厚 1∶6水泥焦渣(i=2%)	m^2	55.00	17.87	982.85	285.45	

(6)专业暂估项目的确认

《建设工程工程量清单计价规范》(GB 50500—2013)第 9.8.3 条规定,发包人在工程量清单中给定暂估价的专业工程不属于依法必须招标的,应按照规范 9.3 节相应条款的规定确定专业工程价款。经确认的专业工程价款与招标工程量清单中所列的暂估价的差额以及相应的规费、税金等费用,应列入合同价格。

第 9.8.4 条规定,发包人在招标工程量清单中给定暂估价的专业工程,依法必须招标的,应当由发承包双方依法组织招标选择专业分包人,并接受有管辖权的建设工程招标投标管理机构的监督。

除合同另有约定外,承包人不参与投标的专业工程分包招标,应由承包人作为招标人,但招标文件评标工作、评标结果应报送发包人批准。与组织招标工作有关的费用应当被认为已经包括在承包人的签约合同价(投标总报价)中。

承包人参加投标的专业工程分包招标,应由发包人作为招标人,与组织招标工作有关的费用由发包人承担。同等条件下,应优先选择承包人中标。

第 9.8.5 条规定,专业工程分包中标价格与招标工程量清单中所列的暂估价的差额以及相应的规费、税金等费用,应列入合同价格。

实训案例中,招标工程量清单将铝合金门 M0921 和塑钢推拉窗 C1215 作为专业工程暂估价,见表 6.21。

表 6.21　专业工程暂估价表

工程名称:新建××厂房配套卫浴间　　　　第 1 页 共 1 页

序号	工程名称	工程内容	暂估金额(元)	结算金额(元)	差额±(元)	备注
1	铝合金门 M0921	运输及安装就位	1 600.00			
2	塑钢推拉窗 C1215	运输及安装就位	1 550.00			
合　计			3 150.00			

但在施工过程中,由总承包人和发包人共同组织招标,通过完整的招标程序确定出铝合金门 M0921 的单价为 210 元/m^2、塑钢推拉窗 C1215 的单价为 230 元/m^2。同时,在施工过程中,工程量未发生变化。专业工程暂估价确认表,见表 6.22。

表 6.22　专业工程暂估价确认表

工程名称:新建××厂房配套卫浴间　　　　第 1 页 共 1 页

序号	工程名称	计量单位	确认不含税包干单价(元)	备注
1	铝合金门 M0921	m^2	210	
2	塑钢推拉窗 C1215	m^2	230	

首先,根据专业工程暂估价确认表中确定的单价乘以各自的工程量,填写专业工程暂估价及结算价表。根据施工图计算出铝合金门 M0921 的工程量为 7.56 m^2,塑钢推拉窗 C1215

的工程量为 7.20 m^2,则

铝合金门 M0921 的结算金额为:210×7.56＝1 587.60(元)。

塑钢推拉窗 C1215 的结算金额为:230×7.20＝1 656.00(元)。

将结算金额填入表 6.23 中,注意:差额＝结算金额-暂估金额。

表 6.23　专业工程暂估价及结算价表

工程名称:新建××厂房配套卫浴间　　第 1 页 共 1 页

序号	工程名称	工程内容	暂估金额(元)	结算金额(元)	差额±(元)	备注
1	铝合金门 M0921	运输及安装就位	1 600.00	1 587.60	-12.40	
2	塑钢推拉窗 C1215	运输及安装就位	1 550.00	1 656.00	106.00	
合计			3 150.00			

然后,将这两项填入分部分项工程量清单与计价表中的专业工程部分,具体见表 6.24。

表 6.24　分部分项工程量清单与计价表

工程名称:新建××厂房配套卫浴间　　第 1 页 共 1 页

项目编码	项目名称	项目特征描述	计量单位	工程量	金额(元)			
					综合单价	合价	其中	
							定额人工费	暂估价
010802001033	铝合金门	门代号:M0921	m^2	7.56	210.00	1 587.60		
010807001034	塑钢推拉窗	窗代号:C1215	m^2	7.20	230.00	1 656.00		

(7)现场签证

《建设工程工程量清单计价规范》(GB 50500—2013)规定,承包人应发包人要求完成合同以外的零星项目、非承包人责任事件等工作的,发包人应及时以书面形式向承包人发出指令,并应提供所需的相关资料;承包人在收到指令后,应及时向发包人提出现场签证要求。

现场签证的工作如已有相应的计日工单价,则现场签证中应列明完成该类项目所需的人工、材料、工程设备和施工机械台班的数量;如现场签证的工作没有相应的计日工单价,应在现场签证报告中列明完成该签证工作所需的人工、材料、工程设备和施工机械台班的数量及其单价。

合同工程发生现场签证事项,未经发包人签证确认,承包人便擅自施工的,除非征得发包人书面同意,否则发生的费用由承包人承担。

现场签证的种类繁多,发承包双方在施工过程中的往来信函中关于责任的证明等都可以作为现场签证,有的可以归属于计日工,有的可以归属于签证或索赔,具体如何划分和处理,不同的人会有不同的做法。一般来说,有计日工单价的,可归属于计日工;无计日工单价的,可归属于索赔或现场签证。也可以将现场签证全部归属于计日工，或者全部归属于索赔与签证。

实训案例中，在施工时发生了合同工程以外的施工项目。例如，在施工过程中发现以前拆除建筑后没有运走的建渣，需要运到工地外指定的堆放地点，具体的现场签证见表6.25。

表6.25　现场签证表

工程名称：新建××厂房配套卫浴间　　　　第1页 共1页

<table>
<tr><td>施工部位</td><td></td><td>日期</td><td></td></tr>
<tr><td colspan="4">在施工过程中，发现以前拆除建筑后没有运走的建渣，双方共同收方确认工程量如下：
建渣12 m³，外运5 km。
我方要求完成此项工作应支付价款为（大写）壹佰零玖元陆角捌分（小写109.68元），请予批准。
附：计算式
建渣运输（5 km）：12 m³，单价9.14元/m³（参照已标价工程量清单中已有的项目）
费用金额：9.14×12＝109.68（元）

承包人：（章）
承包人代表：
日　　期：</td></tr>
<tr><td colspan="2">复核意见：
根据施工合同条款的约定，你方提出的费用索赔申请经复核：
☒不同意此项索赔，具体意见见附件。
☑同意此项索赔，索赔金额的计算由造价工程师复核。

监理工程师：
日　　期：</td><td colspan="2">复核意见：
☑根据施工合同条款的约定，你方提出的费用索赔申请复核，索赔金额为（大写）壹佰零玖元陆角捌分，（小写）109.68元。

造价工程师：
日　　期：</td></tr>
<tr><td colspan="4">审核意见：
☒不同意此项索赔。
☑同意此项索赔，与本期进度款同期支付。

发包人：（章）
发包人代表：
日　　期：</td></tr>
</table>

根据现场签证表,编制索赔与现场签证计价汇总表,具体见表6.26。

表6.26 索赔与现场签证计价汇总表

工程名称:新建××厂房配套卫浴间 第1页 共1页

序号	签证及索赔项目名称	计量单位	数量	单价(元)	合价(元)	索赔及签证依据
1	建渣外运	m^3	12	9.14	109.68	
	合 计				109.68	

填写分部分项工程量清单与计价表,发生在合同以外的项目要填写在签证索赔部分,具体见表6.27。

表6.27 分部分项工程量清单与计价表

工程名称:新建××厂房配套卫浴间 第1页 共1页

项目编码	项目名称	项目特征描述	计量单位	工程量	金额(元)			
					综合单价	合价	其中	
							定额人工费	暂估价
签证索赔部分								
010103002002	签证——建渣外运(与余方弃置类似)	1.废弃料品种:以前挖出的土,未用于回填部分 2.运距:投标人自行考虑	m^3	12	9.14	109.68		

4)实训成果

根据设计施工图、《建设工程工程量清单计价规范》(GB 50500—2013)、2015年《四川省建设工程工程量清单计价定额》、投标文件,以及收集的竣工结算资料等,调整分部分项工程量清单与计价表,见表6.28。

表6.28 分部分项工程量清单与计价表

工程名称:新建××厂房配套卫浴间 第1页 共1页

序号	项目编码	项目名称	项目特征描述	计量单位	工程量	金额(元)			
						综合单价	合价	其中	
								定额人工费	暂估价
1	010101001001	平整场地	1.土壤类别:三类土 2.弃、取土运距:投标人自行考虑	m^2	64.47	1.21	78.01	29.66	

续表

序号	项目编码	项目名称	项目特征描述	计量单位	工程量	金额(元)			
						综合单价	合价	其中	
								定额人工费	暂估价
2	010101003002	挖沟槽土方	1.土壤类别:综合 2.挖土深度:2 m 以内 3.弃土运距:投标人自行考虑	m^3	88.86	20.66	1 835.85	1 231.60	
3	010103001003	基础回填	1.密实度要求:符合设计及施工规范 2.填方材料品种:符合工程性质的土 3.填方来源、运距:投标人自行考虑	m^3	64.86	9.96	646.01	361.92	
4	010103001004	室内回填	1.土质要求:一般土壤 2.密实度要求:按规范要求,夯填 3.运距:投标人自行考虑	m^3	8.85	9.96	88.15	49.38	
5	010103002005	余方弃置	1.土质要求:一般土壤 2.密实度要求:按规范要求,夯填 3.运距:投标人自行考虑	m^3	15.15	9.14	138.47	19.24	
6	010401001006	砖基础	1.砖品种、规格、强度等级:MU15烧结页岩砖 2.基础类型:砖基础 3.砂浆强度等级:M7.5 水泥砂浆 4.防潮层材料种类:1∶2水泥砂浆防潮层加 3%~5%防水剂	m^3	13.26	444.99	5 900.57	1 442.95	
7	010401003007	实心砖墙;防潮层以上	1.砖品种、规格、强度等级:MU15烧结页岩砖 2.墙体类型:实心砖墙 3.砂浆强度等级、配合比:M5 混合砂浆	m^3	37.55	472.86	17 755.89	4 938.95	
8	010401003008	女儿墙	1.砖品种、规格、强度等级:MU15烧结页岩砖 2.墙体类型:女儿墙 3.砂浆强度等级、配合比:M5 混合砂浆	m^3	2.87	472.86	1 357.11	377.49	

续表

序号	项目编码	项目名称	项目特征描述	计量单位	工程量	金额(元)			
						综合单价	合价	其中	
								定额人工费	暂估价
9	010404001009	基础垫层	垫层材料种类、配合比、厚度:C20,250 mm	m^3	8.23	411.51	3 386.73	183.61	
10	010501001010	浴室排水沟垫层	垫层材料种类、配合比、厚度:C15	m^3	0.52	462.02	240.25	11.60	
11	010502002011	构造柱	混凝土强度等级:C25	m^3	4.92	480.51	2 364.11	161.18	
12	010503002012	矩形梁	混凝土强度等级:C25	m^3	0.20	471.30	94.26	5.34	
13	010503004013	C25 混凝土地圈梁	混凝土强度等级:C25	m^3	2.82	471.25	1 328.93	75.27	
14	010503004031	C25 混凝土地圈梁(超过 15% 部分)	混凝土强度等级:C25	m^3	0.44	447.69	196.98	71.51	
15	010503004014	圈梁	混凝土强度等级:C25	m^3	2.45	471.26	1 154.59	65.39	
16	010503005015	现浇过梁	混凝土强度等级:C20	m^3	0.35	448.86	157.10	26.83	
17	010505002016	C25 混凝土板	混凝土强度等级:C25	m^3	4.72	472.68	2 231.05	126.54	
18	010507003017	浴室排水明沟	1.沟截面:净空 250 mm×450 mm,壁厚 100 mm 2.垫层材料种类、厚度:C10 混凝土,厚度 100 mm 3.混凝土强度等级:C25 4.其他:上部塑料箅子	m	8.35	63.89	533.48	66.88	
19	010507005018	C15 混凝土压顶	混凝土强度等级:C15	m^3	0.65	476.49	309.72	60.83	

续表

序号	项目编码	项目名称	项目特征描述	计量单位	工程量	金额(元)			
						综合单价	合价	其中	
								定额人工费	暂估价
20	010507007019	C25混凝土止水带	1.构件类型:C25混凝土止水带 2.构件规格:150 mm高,同墙宽,C25混凝土挡水 3.混凝土强度等级:C25	m^3	2.04	515.12	1 050.84	192.41	
21	010607003020	成品雨篷	材料品种、规格:详见07J501-1-12-JP1-1527(a),尺寸改为1 500 mm×900 mm	m^2	4.5	1 173.82	5 282.19	446.54	
22	010902001023	屋面卷材防水	防水层做法:4 mm厚SBS改性沥青防水卷材(Ⅰ型)	m^2	66.55	41.70	2 775.14	415.27	
23	010902003024	屋面刚性层	1.刚性层厚度:25 mm厚 2.砂浆强度等级:1∶2水泥砂浆保护层(掺聚丙烯纤维)	m^2	66.55	23.97	1 595.20	515.76	
24	010902004025	屋面排水管	1.排水管品种、规格:PVC,*DN*100 2.雨水斗、山墙出水口品种、规格:参见西南11J201-50-2、西南11J201-53-1	m	7.8	53.02	413.56	64.35	
25	010902004026	溢流管	排水管品种、规格:*DN*50,塑料管1根	m	1	22.07	22.07	5.02	
26	011001001027	保温隔热屋面	保温隔热材料品种、规格、厚度:最薄处50 mm厚1∶6水泥焦渣(i=2%)	m^2	55	17.87	982.85	285.45	
27	011101006028	平面砂浆找平层	找平层厚度、砂浆配合比:20 mm厚1∶3水泥砂浆找平层	m^2	55	16.23	892.65	324.50	
28	011102003029	防滑彩色釉面砖地面	1.垫层:100 mm厚C10混凝土垫层 2.防水层:改性沥青一布涂 3.黏结层:20 mm厚1∶2干硬性水泥砂浆黏合层 4.面层:6 mm厚防滑彩色釉面砖,水泥浆擦缝 5.其他:详见西南11J312-3122DB1	m^2	51.74	197.65	10 226.41	2 605.63	

续表

序号	项目编码	项目名称	项目特征描述	计量单位	工程量	金额(元)			
						综合单价	合价	其中	
								定额人工费	暂估价
29	011204003030	彩釉砖内墙面	1.墙体类型:内墙面 2.安装方式:黏结 3.10 mm 厚 1∶3水泥砂浆打底扫毛 4.8 mm 厚 1∶2水泥砂浆黏结层 5.6 mm 厚彩色釉面砖,勾缝剂擦缝 6.其他:详见西南 11J515-N11	m^2	214.83	139.56	29 981.67	7 806.92	
30	011302001031	铝合金条板吊顶	1.吊顶形式、吊杆规格、高度:ϕ8 钢筋吊杆,双向吊顶,中距 900~1 200 mm 2.龙骨材料种类、规格、中距:专用龙骨,中距<300~600 mm 3.面层材料品种、规格:0.5~0.8 mm厚铝合金条板,中距 100,150,200 mm 等 4.其他:详见 11J515-P10	m^2	50.88	91.36	4 648.40	708.76	
31	011407001032	外墙面喷刷涂料	1.基层类型:天棚面一般抹灰面 2.腻子种类:石膏粉腻子 3.刮腻子要求:清理基层,修补,砂纸打磨,满刮腻子二遍 4.涂料种类:详见建施图 5.其他:详见 11J515-P05	m^2	159.21	93.77	14 929.12	8 138.82	
专业工程部分									
32	010802001033	铝合金门	门代号:M0921	m^2	7.56	210.00	1 587.60		
33	010807001034	塑钢推拉窗	窗代号:C1215	m^2	7.2	230.00	1 656.00		
签证索赔部分									
34	10103002002	签证——建渣外运(与余方弃置类似)	1.废弃料品种:以前挖出的土,未用于回填部分 2.运距:投标人自行考虑	m^3	12	9.14	109.68		
	合　计						115 950.60	30 815.60	

任务3 调整综合单价和计算单价措施项目费

1)实训目的

通过本次实训任务，学生应能达成以下能力目标：

①能根据设计施工图和投标文件，结合工程项目的实际情况和收集的竣工结算资料，调整单价措施项目的综合单价；

②根据调整后的综合单价计算单价措施项目费。

2)实训内容

(1)调整综合单价

根据教师提供的卫浴间工程设计施工图、投标文件、收集的竣工结算资料和竣工结算书的相关规定，参照《建设工程工程量清单计价规范》(GB 50500—2013)和2015年《四川省建设工程工程量清单计价定额》，结合工程项目的实际情况调整单价措施项目的综合单价。

(2)计算单价措施项目费

根据教师提供的卫浴间工程设计施工图、投标文件、收集的竣工结算资料和竣工结算书的相关规定，参照《建设工程工程量清单计价规范》(GB 50500—2013)和2015年《四川省建设工程工程量清单计价定额》，用调整后的综合单价计算单价措施项目费。

3)实训步骤与指导

根据竣工结算资料调整单价措施项目的综合单价后，将其填入单价措施项目清单与计价表中，与投标文件中所提供的工程量相乘，得到每个单价措施项目的合价。

承包人不得擅自修改投标文件中的工程量，如果要修改，则必须通过现场签证并经发包人确认。把这些清单项目的合价汇总，即可得到调整后的单价措施项目费。

在任务2中，"设计变更通知单"对混凝土地圈梁尺寸做出变更，导致其模板工程量也发生了变化。地圈梁模板支架安拆工程量由20.39 m^2 变为$(39.46+17.19)\times 0.24\times 2\approx 27.19(m^2)$。

《建设工程工程量清单计价规范》(GB 50500—2013)规定，当分部分项工程的工程量发生变化，且该变化引起相关措施项目相应发生变化时，如按系数或单一总价方式计价的，工程量增加的措施项目费调增，工程量减少的措施项目费调减。

判断混凝土地圈梁模板安拆工程量的偏差，即$(27.19-20.39)/20.39\approx 33.35\%>15\%$。可知混凝土地圈梁模板安拆的工程量增加超过了15%，因此增加部分的工程量的综合单价应予以调低。中标价(投标价)中，混凝土地圈梁模板安拆的综合单价为42.77元/m^3，合价为872.08元，根据合同约定，超过部分的单价在中标单价的基础上下调5%，即$42.77\times(1-5\%)\approx 40.63$(元/$m^3$)。

因此，混凝土地圈梁模板安拆的竣工结算价款为：

$$20.39\times 1.15\times 42.77+(27.19-20.39\times 1.15)\times 40.63\approx 1\ 154.91(\text{元})$$

在填写单价措施项目清单与计价表时，在投标报价的基础上，将原项目“地圈梁模板”的工程量改填为20.39×(1+15%)≈23.45(m^2)，综合单价不变；同时增加一项“地圈梁模板(工程量增加超过15%以外调整)”，工程量填写为27.19−23.45＝3.74(m^3)，综合单价则填写下调5%后的价格，即40.63元/m^3，具体填写见表6.29。

表6.29 单价措施项目清单与计价表

工程名称：新建××厂房配套卫浴间　　　　第1页 共1页

项目编码	项目名称	项目特征描述	计量单位	工程量	金额(元)			
					综合单价	合价	其中	
							定额人工费	暂估价
011702008001	地圈梁模板	1.梁截面形状：矩形 2.支撑高度：3.6 m以内	m^2	23.45	42.77	1 002.96	401.23	
011702008002	地圈梁模板(工程量增加超过15%以外调整)	1.梁截面形状：矩形 2.支撑高度：3.6 m以内	m^2	3.74	40.63	151.96	381.17	

4)实训成果

根据设计施工图、《建设工程工程量清单计价规范》(GB 50500—2013)、2015年《四川省建设工程工程量清单计算定额》、投标文件，以及收集的竣工结算资料等，调整单价措施项目清单与计价表，见表6.30。

表6.30 单价措施项目清单与计价表

工程名称：新建××厂房配套卫浴间　　　　第1页 共1页

序号	项目编码	项目名称	项目特征描述	计量单位	工程量	金额(元)			
						综合单价	合价	其中	
								定额人工费	暂估价
1	011701001001	综合脚手架	1.建筑结构形式：砖混结构 2.檐口高度：20 m以内	m^2	64.47	10.79	695.63	347.49	
2	011702003001	构造柱模板	基础类型：条形基础砌体	m^2	31.30	51.20	1 602.56	566.53	
3	011702006001	矩形梁模板	支撑高度：3.6 m以内	m^2	1.69	52.28	88.35	33.51	

续表

序号	项目编码	项目名称	项目特征描述	计量单位	工程量	金额(元)			
						综合单价	合价	其中	
								定额人工费	暂估价
4	011702008001	地圈梁模板	1.梁截面形状:矩形 2.支撑高度:3.6 m以内	m^2	23.45	42.77	1 002.96	401.23	
5	011702008001	地圈梁模板(工程量增加超过15%以外调整)	1.梁截面形状:矩形 2.支撑高度:3.6 m以内	m^2	3.74	40.63	151.96	381.17	
6	011702008002	圈梁模板	1.梁截面形状:矩形 2.支撑高度:3.6 m以内	m^2	20.39	43.28	882.48	348.87	
7	011702009001	过梁模板	1.梁截面形状:矩形 2.支撑高度:3.6 m以内	m^2	2.92	45.69	133.41	49.82	
8	011702015001	无梁板模板	支撑高度:3.6 m以内	m^2	50.88	50.35	2 561.81	877.68	
9	011702025001	基础垫层模板	构件类型:条形基础垫层	m^2	27.43	31.54	865.14	289.66	
10	011702025001	排水沟垫层模板	构件类型:条形基础垫层	m^2	1.67	31.65	52.86	17.64	
11	011702025001	压顶模板	构件类型:混凝土压顶	m^2	4.34	78.24	339.56	146.74	
12	011702025001	止水带模板	构件类型:混凝土止水带	m^2	17.00	78.37	1 332.29	574.77	
13	011703001001	垂直运输	1.建筑物建筑类型及结构形式:砖混结构 2.建筑物檐口高度、层数:单层,20 m以内	m^2	64.47	12.00	773.64	237.25	
合　计							10 482.65	4 272.36	

任务4　计算总价措施项目费

1）实训目的

通过本次实训任务，学生应能达成以下能力目标：

①能根据收集的竣工结算资料，结合工程项目的实际情况科学合理地计算安全文明施工费和其他总价措施项目费；

②能调整总价措施项目清单与计价表。

2）实训内容

（1）计算安全文明施工费和其他总价措施项目费

根据收集的竣工结算资料，参照《建设工程工程量清单计价规范》（GB 50500—2013）和2015年《四川省建设工程工程量清单计价定额》，并结合工程项目的实际情况计算安全文明施工费和其他总价措施项目费。

（2）调整总价措施项目清单与计价表

根据收集的竣工结算资料，参照《建设工程工程量清单计价规范》（GB 50500—2013）和2015年《四川省建设工程工程量清单计价定额》，并结合工程项目的实际情况调整总价措施项目清单与计价表。

3）实训步骤与指导

总价措施项目费可以采取直接给定总价的形式，也可以采取相关计算基础乘以费率的形式。

（1）计算安全文明施工费

安全文明施工费不得作为竞争性费用。环境保护费、文明施工费、安全施工费、临时设施费分基本费、现场评价费两部分计取，根据工程所在位置分别执行工程在市区时，工程在县城、镇时，工程不在市区、县城、镇时3种标准。

在编制招标控制价时，因为还没有开始施工，还没有现场评价，所以按基本费率乘以2处理。在编制投标报价时，为了防止出现竞争，应按招标人在招标文件中公布的安全文明施工费金额计取。但是在编制竣工结算时，施工已经完成，可以作出现场评价，同时也没有了竞争，这时安全文明施工费就应当按照实际情况计取。

2015年《四川省建设工程工程量清单计价定额》（爆破工程 建筑安装工程费用 附录）分册中，专门对编制工程竣工结算时安全文明施工费的计取作出了以下规定：

①对按规定应办理施工许可证的工程，工程竣工验收合格后，承包人凭“建设工程安全文明施工措施评价及费率测定表”测定的费率办理竣工结算，承包人不能出具“建设工程安全文明施工措施评价及费率测定表”的，承包人不得收取安全文明施工费。

②对按规定可以不办理施工许可证且未办理施工许可证的工程，承包人凭“建设工程安

全文明施工措施评价及费率测定表”确认的该工程可以不办理施工许可证且未办理施工许可证的手续，其安全文明施工费按基本费费率标准计取。

③对建设单位直接发包未纳入总包工程现场评价范围，建设工程施工安全监督管理机构也不单独进行现场评价的工程，其安全文明施工费以建设单位直接发包的工程类型按基本费费率标准计取。

④发包人直接发包的专业工程纳入总包工程现场评价范围但不单独进行安全文明施工措施现场评价的，其安全文明施工费按该工程总包单位的“建设工程安全文明施工措施评价及费率测定表”测定的费率执行，总包单位收取相应项目安全文明施工费的30%。

实训案例的投标报价中，明确说明该项目是办理了施工许可证的，同时承包单位有“建设工程安全文明施工措施评价及费率测定表”，因此应当按照“建设工程安全文明施工措施评价及费率测定表”测定的费率办理竣工结算。

实训案例根据《四川省住房和城乡建设厅关于印发〈四川省建设工程安全文明施工费计价管理办法〉的通知》（川建发〔2017〕5号）确定安全文明施工费的费率。文件中规定了工程在市区，工程在县城、镇，以及工程不在市区、县城、镇3种情况，这里按照前面招标文件的要求，选取在市区，则安全文明施工基本费费率见表6.31。

表6.31 安全文明施工基本费费率表

工程在市区时

<table>
<tr><th rowspan="2">序号</th><th rowspan="2">项目名称</th><th rowspan="2">工程类型</th><th rowspan="2">取费基础</th><th colspan="2">2015清单计价定额费率（%）</th></tr>
<tr><th>简易计税法</th><th>一般计税法</th></tr>
<tr><td>一</td><td>环境保护费基本费费率</td><td></td><td rowspan="4">分部分项清单项目定额人工费+单价措施项目定额人工费</td><td>0.26</td><td>0.26</td></tr>
<tr><td>二</td><td>文明施工基本费费率</td><td>房屋建筑与装饰工程、仿古建筑工程、绿色建筑工程、装配式房屋建筑工程、构筑物工程</td><td>2.75</td><td>2.73</td></tr>
<tr><td>三</td><td>安全施工基本费费率</td><td>房屋建筑与装饰工程、仿古建筑工程、绿色建筑工程、装配式房屋建筑工程、构筑物工程</td><td>5.76</td><td>5.50</td></tr>
<tr><td>四</td><td>临时设施基本费费率</td><td>房屋建筑与装饰工程、仿古建筑工程、绿色建筑工程、装配式房屋建筑工程、构筑物工程</td><td>3.96</td><td>3.76</td></tr>
</table>

表6.31中只是基本费的费率，现场评价的费率具体计算方法为：得分为80分，其现场评价费费率按基本费费率的40%计取；80分以上每增加1分，其现场评价费费率在基本费费率的基础上增加3%；中间值采用插入法计算，保留小数点后两位数字，第三位四舍五入。现场评价费费率的计算公式如下：

现场评价费费率＝基本费费率×40%+基本费费率×（最终综合评价得分－80）×3%

这里以环境保护费为例，根据表6.31可知环境保护费的基本费费率为0.26%，从表6.32中可知现场最终综合评分为 90 分，因此现场评价费的费率为：0.26%×40%+0.26%×(90−80)×3%≈0.18%，则测定费率为：0.26%+0.18%=0.44%。

同理，可以得到文明施工费、安全施工费和临时设施费的费率，并填写在表 6.32 中。

表 6.32　安全文明施工费费率评价表

<table>
<tr><td colspan="5">安全监督管理机构评价结论</td></tr>
<tr><td>最终综合评价得分</td><td>等级</td><td colspan="3" rowspan="2">安全监督管理机构(盖章)
年　月　日
经办人签字：
负责人签字：</td></tr>
<tr><td>90</td><td>优秀</td></tr>
<tr><td>费用名称</td><td>计费基数</td><td>基本费费率(%)</td><td>现场评价费费率(%)</td><td>测定费率(%)</td></tr>
<tr><td>环境保护费</td><td rowspan="4">分部分项清单项目定额人工费+单价措施项目定额人工费</td><td>0.26</td><td>0.18</td><td>0.44</td></tr>
<tr><td>文明施工费</td><td>2.75</td><td>1.93</td><td>4.68</td></tr>
<tr><td>安全施工费</td><td>5.76</td><td>4.03</td><td>9.79</td></tr>
<tr><td>临时设施费</td><td>3.96</td><td>2.77</td><td>6.71</td></tr>
</table>

计算出测定费率后，就可以计算安全文明施工费了。

$$\begin{array}{c}\text{安全文明施工费}\\\text{的计算基数}\end{array}=\begin{array}{c}\text{分部分项清单项目}\\\text{定额人工费}\end{array}+\begin{array}{c}\text{单价措施项目}\\\text{定额人工费}\end{array}$$

$$=30\ 815.60+4\ 272.36$$

$$=35\ 087.96(\text{元})$$

(2)计算其他总价措施项目费

竣工结算时，其他总价措施项目费应根据合同约定的金额计算，发承包双方依据合同约定对其他总价措施项目费进行了调整的，应按调整后的金额计算。

实训案例在施工过程中没有发生调整的情况。因为招标控制价的总价措施项目费率是按照规定的标准计取，而投标报价时是投标人自行确定相应费率，所以除安全文明施工费外的其他总价措施项目的费率就按照投标报价时计取。计算的基础是分部分项清单项目定额人工费与单价措施项目定额人工费之和，但是因为项目实施过程中也发生了多起变更等情况，所以计算基础不能直接使用投标文件的内容。

4)实训成果

根据设计施工图、《建设工程工程量清单计价规范》(GB 50500—2013)、2015 年《四川省建设工程工程量清单计价定额》、投标文件，以及收集的竣工结算资料等，调整总价措施项目清单与计价表，见表 6.33。

表 6.33　总价措施项目清单与计价表

工程名称：新建××厂房配套卫浴间　　　　第 1 页 共 1 页

序号	项目名称	计算基础	计算基础数值	费率（%）	金额（元）
1	安全文明施工				7 586.02
1.1	环境保护费	分部分项清单项目定额人工费+单价措施项目定额人工费	35 087.96	0.44	154.39
1.2	文明施工费	分部分项清单项目定额人工费+单价措施项目定额人工费	35 087.96	4.68	1 642.12
1.3	安全施工费	分部分项清单项目定额人工费+单价措施项目定额人工费	35 087.96	9.79	3 435.11
1.4	临时设施费	分部分项清单项目定额人工费+单价措施项目定额人工费	35 087.96	6.71	2 354.40
2	夜间施工费	分部分项清单项目定额人工费+单价措施项目定额人工费	35 087.96	0.80	280.70
3	二次搬运费	分部分项清单项目定额人工费+单价措施项目定额人工费	35 087.96	0.40	140.35
4	冬雨季施工增加费	分部分项清单项目定额人工费+单价措施项目定额人工费	35 087.96	0.60	210.53
合　计					8 217.60

任务 5　计算其他项目费

1）实训目的

通过本次实训任务，学生应能达成以下能力目标：

①能根据收集的竣工结算资料，结合工程项目的实际情况科学合理地处理暂列金额和暂估价；

②能根据收集的竣工结算资料，结合工程项目的实际情况科学合理地计算计日工和总承包服务费；

③能根据收集的竣工结算资料，结合工程项目的实际情况科学合理地调整其他项目清单与计价汇总表。

2）实训内容

（1）处理暂列金额和暂估价

根据收集的竣工结算资料，参照《建设工程工程量清单计价规范》（GB 50500—2013）和

2015年《四川省建设工程工程量清单计价定额》,并结合工程项目的实际情况处理暂列金额和暂估价。

(2)计算计日工和总承包服务费

根据收集的竣工结算资料,参照《建设工程工程量清单计价规范》(GB 50500—2013)和2015年《四川省建设工程工程量清单计价定额》,并结合工程项目的实际情况计算计日工和总承包服务费。

(3)调整其他项目清单与计价汇总表

根据收集的竣工结算资料,参照《建设工程工程量清单计价规范》(GB 50500—2013)和2015年《四川省建设工程工程量清单计价定额》,并结合工程项目的实际情况调整其他项目清单与计价汇总表。

3)实训步骤与指导

相关的一些概念在前面已经提到,这里主要讲确定其他项目费过程中的一些注意事项。

(1)暂列金额的处理

在编制招标工程量清单时,暂列金额应根据工程特点按有关计价规定计算。在编制招标控制价和投标报价时,暂列金额应按照招标工程量清单中列出的金额填写。在编制工程结算时,《建设工程工程量清单计价规范》(GB 50500—2013)规定,已签约合同价中的暂列金额由发包人掌握使用。发包人按照规定支付后,暂列金额如有余额应归发包人。竣工结算时,暂列金额减去合同价款调整(包括索赔、现场签证)金额计算。

(2)材料暂估价的处理

竣工结算时,材料暂估价经发包人确认并计入了分部分项工程的综合单价,这里不再统计。

(3)专业工程暂估价的处理

竣工结算时,专业工程暂估价经发包人确认并计入了分部分项工程量清单与计价表,这里不再统计。

(4)计日工的处理

《建设工程工程量清单计价规范》(GB 50500—2013)规定,发包人通知承包人以计日工方式实施的零星工作,承包人应予执行。采用计日工计价的任何一项变更工作,在该项变更的实施过程中,承包人应按合同约定提交下列报表和有关凭证送发包人复核:

①工作名称、内容和数量;

②投入该工作所有人员的姓名、工种、级别和耗用工时;

③投入该工作的材料名称、类别和数量;

④投入该工作的施工设备型号、台数和耗用台时;

⑤发包人要求提交的其他资料和凭证。

任一计日工项目实施结束后,承包人应按照确认的计日工现场签证报告核实该类项目的工程数量,并应根据核实的工程数量和承包人已标价工程量清单中的计日工单价计算,提出应付价款;已标价工程量清单中没有该类计日工单价的,由发承包双方商定计日工单价计算。

2015 年《四川省建设工程工程量清单计价定额》(爆破工程 建筑安装工程费用 附录)分册中规定,编制竣工结算时,计日工的费用应按发包人实际签证确认的数量和合同约定的相应项目综合单价计算。

实训案例中,投标人按照招标工程量清单填写投标报价的计日工表,见表 6.34。

表 6.34 计日工表

工程名称:新建××厂房配套卫浴间　　　　第 1 页 共 1 页

编号	项目名称	单位	暂定数量	实际数量	综合单价(元)	合价(元)	
						暂定	实际
一	人工						
1	普工	工日	3		100.00	300.00	
2	技工	工日	3		120.00	360.00	
人工小计						660.00	
二	材料						
1	钢筋	t	0.05		4 200.00	210.00	
2	水泥 42.5	t	0.20		335.00	67.00	
材料小计						277.00	
三	施工机械						
1	灰浆搅拌机	台班	1		30.00	30.00	
施工机械小计						30.00	
四	企业管理费和利润					—	
总 计						967.00	

在实训案例实施过程中,发生了部分合同外用工,具体情况见技术、经济核定单(见表 6.35)。

竣工结算时,计日工的价格要使用投标报价时填写的价格,工程量则按照业主认可的技术、经济核定单确定,因此根据资料可以申请的计日工价款为:100.00×10=1 000(元)。

表 6.35 技术、经济核定单

受文单位:××电气设备生产厂　　　　编号:6 号　　　　第 1 页 共 1 页

工程名称或编号	新建××厂房配套卫浴间	施工单位	
分部分项工程名称		图纸编号	
核定内容			
2018 年 8 月 8 日,应甲方要求,搬运设备至指定地点,共用建筑普工 10 工日。			

续表

受文单位签证： 年　月　日	受文单位签证：(签字) 年　月　日	监理工程师(注册方章) 年　月　日
填表人：(签字) 年　月　日	项目技术负责人：(签字) 年　月　日	

将计算后的金额填写到计日工表中，其他项目也按照此填写，具体见表 6.36。

表 6.36　计日工表

工程名称：新建××厂房配套卫浴间　　　　第 1 页 共 1 页

编号	项目名称	单位	暂定数量	实际数量	综合单价(元)	合价(元)	
						暂定	实际
一	人工						
1	普工	工日	3	10	100.00	300.00	1 000.00
2	技工	工日	3	5	120.00	360.00	700.00
人工小计						660.00	1 700.00
二	材料						
1	钢筋	t	0.05	0.10	4 200.00	210.00	420.00
2	水泥 42.5	t	0.20	0.60	335.00	67.00	201.00
材料小计						277.00	621.00
三	施工机械						
1	灰浆搅拌机	台班	1	3	30.00	30.00	90.00
施工机械小计						30.00	90.00
四	企业管理费和利润					—	—
总　计						967.00	2 411.00

说明：竣工结算时，按发承包双方确认的实际数量计算合价。

(5)总承包服务费的处理

《建设工程工程量清单计价规范》(GB 50500—2013)规定，总承包服务费应依据已标价工程量清单金额计算，发生调整的，应以发承包双发确认调整的金额计算。

2015 年《四川省建设工程工程量清单计价定额》(爆破工程 建筑安装工程费用 附录)分册中规定,竣工结算时,总承包服务费应依据合同约定的金额计算,发承包双方依据合同约定对总承包服务费进行了调整的,应按调整后的金额计算。

实训案例中,因为没有发生对总承包服务费费率调整的情况,因此这里按照投标报价的总承包服务费费率填写,具体见表 6.37。

表 6.37 总承包服务费计价表

工程名称:新建××厂房配套卫浴间　　　　第 1 页 共 1 页

序号	项目名称	项目价值(元)	服务内容	计算基础	费率(%)	金额(元)
1	发包人发包专业工程					
1.1	铝合金门 M0921		按专业工程承包人的要求提供施工工作面并对施工现场进行统一管理,对竣工资料进行统一整理汇总	项目价值	4.5	
1.2	塑钢推拉窗 C1215		按专业工程承包人的要求提供施工工作面并对施工现场进行统一管理,对竣工资料进行统一整理汇总	项目价值	4.5	
2	发包人提供材料					
2.1	彩色釉面砖		对发包人自行供应的材料进行保管	材料价值	1.0	
合 计						

说明:本工程根据招标文件,招标人要求总包人对其发包的专业工程既进行总承包管理和协调,又要求提供相应配合服务时,总承包服务费根据招标文件列出的配合服务内容,按发包的专业工程估算造价的 4.5%计算。总包人对发包人自行供应的材料进行保管,按照材料价格的 1.0%计算。

在竣工结算时,如果没有发生过调整总承包服务费的情况,那么费率和计算基础要按照投标文件填写,项目价值则按照施工时的实际情况填写。而且应注意,专业工程的总承包服务费和甲供材料的总承包服务费要分开计算,具体见表 6.38。

表 6.38 总承包服务费计价表

工程名称:新建××厂房配套卫浴间　　　　第 1 页 共 1 页

序号	项目名称	项目价值(元)	服务内容	计算基础	费率(%)	金额(元)
1	发包人发包专业工程					145.96
1.1	铝合金门 M0921	1 587.60	按专业工程承包人的要求提供施工工作面并对施工现场进行统一管理,对竣工资料进行统一整理汇总	项目价值	4.5	71.44

续表

序号	项目名称	项目价值(元)	服务内容	计算基础	费率(%)	金额(元)
1.2	塑钢推拉窗C1215	1 656.00	按专业工程承包人的要求提供施工工作面并对施工现场进行统一管理,对竣工资料进行统一整理汇总	项目价值	4.5	74.52
2	发包人提供材料					156.37
2.1	彩色釉面砖	15 637.44	对发包人自行供应的材料进行保管	材料价值	1.0	156.37
合　计						302.33

说明:本工程根据招标文件,招标人要求总包人对其发包的专业工程既进行总承包管理和协调,又要求提供相应配合服务时,总承包服务费根据招标文件列出的配合服务内容,按发包的专业工程估算造价的4.5%计算。总包人对发包人自行供应的材料进行保管,按照材料价格的1.0%计算。

4)实训成果

根据设计施工图、《建设工程工程量清单计价规范》(GB 50500—2013)、2015年《四川省建设工程工程量清单计价定额》、投标文件,以及收集的竣工结算资料等,调整其他项目清单与计价汇总表,见表6.39。此处注意,因为实训案例中的专业工程和索赔与现场签证的费用已经在分部分项工程中编制了,此处不应重复填写。

表6.39　其他项目清单与计价汇总表

工程名称:新建××厂房配套卫浴间　　　　第1页 共1页

序号	项目名称	结算金额(元)	备　注
1	暂列金额		
2	暂估价		
2.1	材料(工程设备)暂估价		
2.2	专业工程暂估价		
3	计日工	2 411.00	
4	总承包服务费	302.33	
合　计		2 713.33	—

任务6 计算规费和税金

1)实训目的

通过本次实训任务,学生应能达成以下能力目标:

①能根据收集的竣工结算资料,结合工程项目的实际情况科学合理地计算规费和税金;

②能根据收集的竣工结算资料,结合工程项目的实际情况科学合理地调整规费、税金项目清单与计价表。

2)实训内容

(1)计算规费和税金

根据收集的竣工结算资料,参照《建设工程工程量清单计价规范》(GB 50500—2013)和2015年《四川省建设工程工程量清单计价定额》,结合工程项目的实际情况计算规费和税金。

(2)调整规费、税金项目清单与计价表

根据收集的竣工结算资料,参照《建设工程工程量清单计价规范》(GB 50500—2013)和2015年《四川省建设工程工程量清单计价定额》,结合工程项目的实际情况调整规费、税金项目清单与计价表。

3)实训步骤与指导

《建设工程工程量清单计价规范》(GB 50500—2013)规定,税金、规费必须按照国家或省级、行业建设主管部门的规定计算,不得作为竞争性费用。

2015年《四川省建设工程工程量清单计价定额》进一步规定,规费的计算基础为“分部分项清单项目定额人工费+单价措施项目定额人工费”,定额人工费应按照工程量清单的项目特征等内容套用定额项目确定,对定额项目中定额人工费的调整必须按照定额的规定进行调整,凡定额未作调整规定的,定额人工费一律不得调整。竣工结算时,规费按承包人持有的“四川省施工企业工程规费计取标准”证书中核定的费率办理。承包人未持有“四川省施工企业工程规费计取标准”证书,规费标准有幅度的,按规费标准下限办理。《四川省施工企业工程规费计取标准》中没有规费标准的项目以及没有的规费项目,依据省级政府或省级有关权力部门的规定及实际缴纳的金额结算。

实训案例规费的计算按照“××企业2018—2019年度规费取费证”上计取的规费费率(见表6.40)进行计算,计算基础为“分部分项清单项目定额人工费+单价措施项目定额人工费”。

税金则按照《住房城乡建设部办公厅关于调整建设工程计价依据增值税税率的通知》(建办标〔2018〕20号),计算税率为10%,计算基础为“分部分项工程费+措施项目工程费+其他项目费+规费”。

表6.40　"××企业2018—2019年度规费取费证"上计取的规费费率

序号	规费名称	计算基础	规费费率(%)
1	养老保险费	分部分项清单项目定额人工费+单价措施项目定额人工费	6.0
2	失业保险费		0.4
3	医疗保险费		2.0
4	工伤保险费		0.5
5	生育保险费		0.12
6	住房公积金		2.0

4)实训成果

根据设计施工图、《建设工程工程量清单计价规范》(GB 50500—2013)、2015年《四川省建设工程工程量清单计价定额》、投标文件，以及收集的竣工结算资料等，调整规费、税金项目清单与计价表，见表6.41。

表6.41　规费、税金项目清单与计价表

工程名称：新建××厂房配套卫浴间　　　　第1页 共1页

序号	项目名称	计算基础	计算基础数值	计算费率(%)	金额(元)
1	规费				3 866.70
1.1	社会保险费				3 164.94
(1)	养老保险费	分部分项清单项目定额人工费+单价措施项目定额人工费	35 087.96	6.0	2 105.28
(2)	失业保险费	分部分项清单项目定额人工费+单价措施项目定额人工费	35 087.96	0.4	140.35
(3)	医疗保险费	分部分项清单项目定额人工费+单价措施项目定额人工费	35 087.96	2.0	701.76
(4)	工伤保险费	分部分项清单项目定额人工费+单价措施项目定额人工费	35 087.96	0.5	175.44
(5)	生育保险费	分部分项清单项目定额人工费+单价措施项目定额人工费	35 087.96	0.12	42.11
1.2	住房公积金	分部分项清单项目定额人工费+单价措施项目定额人工费	35 087.96	2.0	701.76
1.3	工程排污费	按工程所在地环境保护部门收取标准按实计入	—	—	—
2	税金	分部分项工程费+措施项目工程费+其他项目费+规费	141 230.88	10	14 123.09

任务7 汇总竣工结算价

1)实训目的

通过本次实训任务,学生应能达成以下能力目标:

结合工程项目的实际情况汇总竣工结算价。

2)实训内容

根据《建设工程工程量清单计价规范》(GB 50500—2013)和前述任务的成果文件,并结合工程项目的实际情况汇总竣工结算价。

3)实训步骤与指导

竣工结算价由分部分项工程费、措施项目费、其他项目费、规费和税金组成。

4)实训成果

本实训案例的竣工结算价汇总表,见表6.42。

表6.42 竣工结算价汇总表

工程名称:新建××厂房配套卫浴间　　　　第1页 共1页

序号	内容	金额(元)
1	分部分项工程费	115 950.60
2	措施项目费	18 700.25
2.1	其中:安全文明施工费	7 586.02
3	其他项目费	2 713.33
3.1	其中:计日工	2 411.00
3.2	其中:总承包服务费	302.33
4	规费	3 866.70
5	税金	14 123.09
竣工结算价合计=1+2+3+4+5		155 353.97

任务8 编制竣工结算总说明

1)实训目的

通过本次实训任务,学生应能达成以下能力目标:

能根据工程背景资料,结合编制竣工结算价过程中的实际体验,编制竣工结算总说明。

2) 实训内容

根据编制过程中积累的经验,结合实训案例的示范,编制竣工结算总说明,要求语言精练、逻辑清晰。

3) 实训步骤与指导

编制竣工结算总说明的要点与编制投标报价总说明的要点大致类似。承包人仍然应对相关价格确定的依据作详细说明,例如:人工、材料、机械台班的价格变更是法律法规的变化还是施工过程中的变更;计日工数量的确定;总承包服务费的计算基础是如何确定的等。

4) 实训成果

根据实训案例,给出竣工结算总说明的示范,见表 6.43。

表 6.43　竣工结算总说明

工程名称:新建××厂房配套卫浴间　　　　第 1 页 共 1 页

1.工程概况

本工程为××电气设备生产厂投资新建的××厂房配套卫浴间。建筑面积为 64.47 m^2,建筑层数 1 层,砖混结构形式。基础采用条形砖基础,装修标准为一般装修,详见设计施工图中建筑设计施工说明的装饰做法表。

2.工程招标和分包范围

本工程按设计施工图纸范围招标(包括土建及结构工程、装饰装修工程)。除铝合金门 M0921 和塑钢推拉窗 C1215 采用二次专业设计,委托相关材料供应单位供应安装外,其他工程项目均采用施工总承包。

3.竣工结算编制依据

(1)《建设工程工程量清单计价规范》(GB 50500—2013);

(2)《房屋建筑与装饰工程工程量计算规范》(GB 50854—2013);

(3)2015 年《四川省建设工程工程量清单计价定额》;

(4)新建××厂房配套卫浴间工程设计施工图;

(5)新建××厂房配套卫浴间工程投标文件;

(6)《四川省建设工程造价管理总站关于对成都市等 16 个市、州 2015 年〈四川省建设工程工程量清单计价定额〉人工费调整的批复》(川建价发〔2018〕8 号);

(7)《四川省住房和城乡建设厅关于印发〈建筑业营业税改征增值税四川省建设工程计价依据调整办法〉的通知》(川建造价发〔2016〕349 号)、《财政部 税务总局关于调整增值税税率的通知》(财税〔2018〕32 号)、《住房城乡建设部办公厅关于调整建设工程计价依据增值税税率的通知》(建办标〔2018〕20 号)、《四川省住房和城乡建设厅关于贯彻〈财政部 税务总局关于调整增值税税率的通知〉的通知》(川建造价发〔2018〕405 号);

(8)四川省工程造价管理机构发布的工程造价信息(2018 年 02 期);

(9)发承包双方签订的合同。

4.工程、材料、施工等的特殊要求

(1)土建工程施工质量满足《砌体结构工程施工质量验收规范》(GB 50203—2011)的规定;

(2)装饰工程施工质量满足《建筑装饰装修工程质量验收标准》(GB 50210—2018)的规定。

5.其他需要说明的问题

(1)本工程人工费单价按四川省建设工程造价管理总站发布的人工费调整文件,在原定额人工单价的基础上上浮 32%;

(2)材料价格参照四川省工程造价管理机构发布的工程造价信息(2018 年 02 期),并结合企业自身情况综合确定;

续表

(3)规费的计算费率按照"××企业 2018—2019 年度规费取费证"中给定的规费计算费率计取； (4)税率按建筑行业增值税的计算税率 10%计算； (5)竣工结算与中标清单相同或类似的分部分项清单项，综合单价参照原中标清单，工程量按实调整； (6)竣工结算中出现施工图纸(含设计变更)与中标工程量清单项目特征描述不符的，按新的项目特征及组价依据确定相应工程量清单的综合单价，工程量按实调整； (7)竣工结算中出现施工图纸(含设计变更)与中标清单没有适用或类似的综合单价，按新的项目特征及组价依据确定相应工程量清单的综合单价，工程量按实调整； (8)原中标清单中的甲供材料设备价格，已按甲方提供的价格编入本结算书。

任务9　复核审查

1)实训目的

通过本次实训，学生应能达成以下能力目标：

能够复核、审查竣工结算书。

2)实训内容

①根据资料复核分部分项工程和单价措施项目工程量的准确性；

②根据资料复核分部分项工程费、措施项目费、其他项目费、规费和税金。

3)实训步骤与指导

①根据设计文件、图纸、竣工资料复核项目工程量，并以施工合同为基础，审查变更增减的工程量；

②根据合同规定的有关结算条款、投标报价清单、有关定额、取费标准，审查竣工结算书；

③核实材料用量、价差和调价系数是否符合有关规定和适用时限；

④核实措施费等的计算基础、适用范围；

⑤复核计日工、总承包服务费；

⑥复核规费、税金；

⑦复核竣工结算价。

4)实训成果

通过审查和复核，可以发现编制好的竣工结算书中的问题和错误，并进行修改，同时进行原因分析，为以后的结算编制打好基础。

经过复核，该实训案例的竣工结算书没有问题。

任务10　装订并签字盖章

1)实训目的

通过本次实训任务,学生应能达成以下能力目标:

①能口述建筑工程竣工结算书封面和扉页上各栏目的具体含义;

②能根据工程实际情况填写工程竣工结算书封面和扉页;

③能对建筑工程竣工结算书在编制过程中产生的成果文件进行整理和装订;

④能对建筑工程竣工结算书在编制过程产生的底稿文件进行整理和存档。

2)实训内容

①根据收集的资料、前面任务的成果、竣工结算书编制要求,结合工程项目的实际情况填写建筑工程竣工结算书封面;

②根据收集的资料、前面任务的成果、《建设工程工程量清单计价规范》(GB 50500—2013),对编制过程中已完成的所有成果文件进行整理和装订;

③对编制过程中产生的底稿文件进行整理和存档。

3)实训步骤与指导

完整的竣工结算书扉页应包括工程名称和发包人、承包人的名称,发包人、承包人的法定代表人或其授权人的签章,具体编制人和复核人的签章,以及具体的编制时间和复核时间等。竣工结算书扉页上应写明竣工结算价的大写金额和小写金额。

根据《建设工程工程量清单计价规范》(GB 50500—2013),最终形成的竣工结算书按相应顺序排列应为:

①工程项目竣工结算书封面;

②工程项目竣工结算书扉页;

③总说明;

④单项工程竣工结算汇总表;

⑤单位工程竣工结算汇总表;

⑥分部分项工程和单价措施项目清单与计价表;

⑦总价措施项目清单与计价表;

⑧其他项目清单与计价汇总表;

⑨计日工表;

⑩总承包服务费计价表;

⑪规费、税金项目清单与计价表。

将上述相关表格文件装订成册,即成为完整的竣工结算文件。

在编制过程中产生的底稿文件主要包括计价工程量计算表、施工方案等,虽不编入竣工结算文件,但也应整理和归档,留存电子版或纸质版,以备项目后期查用参照。

4) **实训成果**

竣工结算书封面见表 6.44,竣工结算书扉页见表 6.45。

表 6.44　竣工结算封面

新建××厂房配套卫浴间　工程

竣工结算书

发包人：

(单位盖章)

承包人：

(单位盖章)

造价咨询人：

(单位盖章)

年　　月　　日

表6.45　竣工结算书扉页

新建××厂房配套卫浴间　工程

竣工结算总价

签约合同价(小写)：15 7411元　　　　(大写)：壹拾伍万柒仟肆佰壹拾壹元整

竣工结算价(小写)：155 354元　　　　(大写)：壹拾伍万伍仟叁佰伍拾肆元整

××电气设备生产厂

发包人：(单位盖章)　　　　承包人：(单位盖章)

法定代表人
或其授权人：(签字或盖章)　　　　法定代表人
或其授权人：(签字或盖章)

全国建设工程造价员
王XX　建筑064111258
XX市工程咨询有限责任公司
有效期至：2019年10月20日

中华人民共和国注册造价工程师
王某某
A 136100123123
某某项目管理有限公司
有效期至：2019年12月31日

编制人：(造价人员签字盖专用章)　　　　复核人：(造价工程师签字盖专用章)

编制时间：　　　　复核时间：

任务 11　指标分析

1)实训目的

通过本次实训任务,学生应能达成以下能力目标:

①进行工程造价指标分析;

②能填写工程造价经济指标分析表。

2)实训内容

①根据收集的资料、编制要求和投标文件相关规定,结合前面任务所计算的结果计算工程造价分析指标;

②根据计算出的工程造价分析指标,填写工程造价经济指标分析表。

3)实训步骤与指导

竣工结算时工程造价分析是指在竣工后对确定工程造价的分析,用于评论确定的工程造价的经济合理性,并通过分析,总结经验,寻求以后降低工程造价的可能与可以采取的措施。

在实际计算时,都是用两项值进行比较,得出一个百分数,这个百分数就是指标值。这里以平方米工程造价为例进行说明。

通过前面的任务,计算出竣工结算价为 155 353.97 元;通过设计施工图,得到该实训案例的建筑面积为 64.47 m^2,因此单方造价 = 竣工结算价/建筑面积 = 155 353.97/64.47 ≈ 2 409.71(元/m^2),即可得到竣工后项目的每平方米造价经济指标为 2 409.71 元/m^2。

4)实训成果

建设工程造价经济指标分析表,见表 6.45。

表 6.45　建设工程造价经济指标分析表

工程名称		新建××厂房配套卫浴间
工程概况	建筑面积	64.47 m^2
	层数	一层
	层高	3.65 m
	结构类型	砖混结构
	时间	2018 年
	工程类别	
	造价分类	结算价
	计价方式	清单

续表

工程特征	基础	条形砖基础		
	混凝土供应方式	泵送商品混凝土		
	砌筑	条形砖基础,砖墙		
	门窗	铝合金门,塑钢推拉窗		
	楼地面	防滑彩色釉面砖地面		
	天棚	铝合金条板吊顶		
	内墙面	彩釉砖内墙面		
	外墙面	外墙面喷刷涂料		
	屋面	钢筋混凝土现浇屋面		
	其他			
造价指标	项目名称	金额(元)	平方米指标(元/m^2)	占总造价比例(%)
	工程造价	155 353.97	2 409.71	100.00
	分部分项工程费	115 950.60	1 798.52	74.63
	措施项目费	18 700.25	290.06	12.04
	其他项目费	2 713.33	42.09	1.75
	规费	3 866.70	59.98	2.49
	税金	14 123.09	219.06	9.09
分部分项工程费指标	分部分项名称	金额(元)	平方米指标(元/m^2)	占总造价比例(%)
	土石方	2 786.49	43.22	1.79
	砌筑	25 013.57	387.99	16.10
	混凝土与钢筋混凝土	13 048.04	202.39	8.40
	屋面防水	10 088.16	156.48	6.49
	保温	982.85	15.25	0.63
	门窗	3 243.60	50.31	2.09
	楼地面	11 119.06	172.47	7.16
	墙柱面天棚装饰	29 981.67	465.05	19.30
	天棚	4 648.40	72.10	2.99
	油漆涂料	14 929.12	231.57	9.61
各项工料指标	材料名称	单位	总用量	每平方米用量
	水泥	kg	12 131.864	188.178
	商品混凝土	m^3	24.02	0.373
	烧结页岩砖	千匹	28	0.441
	砾石	m^3	7.81	0.121
	砂	m^3	18.90	0.293

续表

措施项目费指标	措施名称	金额(元)	平方米指标(元/m²)	占总造价比例(%)
	脚手架	695.63	10.79	0.45
	混凝土与钢筋混凝土模板及支座	9 013.38	139.81	5.80
	垂直运输	773.64	12.00	0.50

【实训考评】

编制竣工结算价的项目实训考评包含实训考核和实训评价两个方面。

(1)实训考核

实训考核是指实训教师在指导学生完成该项目时的具体考查核定方法,应从实训组织、实训方法、措施以及实训时间安排4个方面来体现,具体内容详见表6.46。

表6.46　实训考核措施及原则

考核措施及原则	实训组织	实训方法	实训时间安排	
措施	划分实训小组 构建实训团队	手工计算 软件计算	内容	时间(天)
原则	学生自愿 人数均衡 团队分工明确 分享机制	两种方法任选其一 两种方法互相验证	收集相关资料	1
			调整综合单价及编制分部分项工程量清单与计价表	4
			调整综合单价及编制单价措施项目清单与计价表	2
			编制总价措施项目清单与计价表	0.5
			编制其他项目清单与计价表	1
			编制规费、税金项目清单与计价表	0.5
			编制竣工结算总说明及填写封面	0.5
			竣工结算书整理、复核、装订	0.5

(2)实训评价

实训评价主要分为小组自评和教师评价两种方式,具体的评价办法参见表6.47。

表 6.47　实训评价方式

评价方式	项目	具体内容	满分分值	占比
小组自评(20%)	专业技能		12	60%
	团队精神		4	20%
	创新能力		4	20%
教师评价(80%)	实训过程	团队意识	12	40%
		沟通协作能力	10	
		开拓精神	10	
	实训成果	内容完整性	8	40%
		格式规范性	8	
		方法适宜性	8	
		书写工整性	8	
	实训考勤	迟到	4	20%
		早退	4	
		缺席	8	

附　录

附录 1　招标文件摘录

【使用说明】

①该附录根据《中华人民共和国简明标准施工招标文件》(2012 年版)进行摘录和加工。《中华人民共和国简明标准施工招标文件》(2012 年版)适用于工期不超过 12 个月、技术相对简单且设计和施工不是由同一承包人承担的小型项目施工招标。

②摘录内容主要是与编制招标工程量清单、招标控制价、投标报价直接相关的部分。

③要求实训者模拟招标人和招标代理人,根据实训工程情况完善招标文件,即根据招标项目具体特点和实际需要填空,使招标文件具体化,确实没有需要填写的,在空格中用"/"标示,作为后续实训的相关条件。

④招标工程量清单、招标控制价、投标报价都应符合招标文件的各项要求。

________(项目名称)施工招标

招标文件

招标人:____________(盖单位章)

______年______月______日

目　录

注:①招标方式只能选择一种,这里只摘录了公开招标部分内容。
②评标办法只能选择一种,这里只摘录了经评审的最低投标价法部分内容。
③需要应用示范文本的其他内容,可以网上下载,也可以由出版社提供完整的示范文本。

第一章　招标公告(适用于公开招标)

__________(项目名称)施工招标公告

1. 招标条件

本招标项目__________(项目名称)已由__________(项目审批、核准或备案机关名称)以__________(批文名称及编号)批准建设,项目业主为__________,建设资金来自__________(资金来源),项目出资比例为__________,招标人为__________。项目已具备招标条件,现对该项目施工进行公开招标。

2.项目概况与招标范围

建设地点:____。
建设规模:____。
计划工期:____。
招标范围:____。

3.投标人资格要求

本次招标要求投标人须具备________资质,并在人员、设备、资金等方面具有相应的施工能力。

4.招标文件的获取

4.1 凡有意参加投标者,请于______年______月______日至______年______月____日,每日上午______时至______时,下午______时至______时(北京时间,下同),在____________________(详细地址)持单位介绍信购买招标文件。

4.2 招标文件每套售价______元,售后不退。图纸资料押金______元,在退还图纸资料时退还(不计利息)。

4.3 邮购招标文件的,需另加手续费(含邮费)______元。招标人在收到单位介绍信和邮购款(含手续费)后______日内寄送。

5. 投标文件的递交

5.1 投标文件递交的截止时间(投标截止时间,下同)为______年______月______日______时______分,地点为______________________________。

5.2 逾期送达的或者未送达指定地点的投标文件,招标人不予受理。

6. 发布公告的媒介

本次招标公告同时在__________(发布公告的媒介名称)上发布。

7. 联系方式

招标人及联系方式(略)

招标代理机构及联系方式(略)

______年____月____日

第二章 投标人须知

投标人须知前附表

条款号	条 款 名 称	编 列 内 容
1.1.2	招标人	名称: 地址: 联系人: 电话:
1.1.3	招标代理机构	名称: 地址: 联系人: 电话:
1.1.4	项目名称	
1.1.5	建设地点	
1.2.1	资金来源及比例	
1.2.2	资金落实情况	
1.3.1	招标范围	
1.3.2	计划工期	计划工期:________日历天 计划开工日期:______年____月____日 计划竣工日期:______年____月____日
1.3.3	质量要求	
1.4.1	投标人资质条件、能力	资质条件: 项目经理(建造师,下同)资格: 财务要求: 业绩要求: 其他要求:

续表

条款号	条 款 名 称	编 列 内 容
1.9.1	踏勘现场	□不组织 □组织，踏勘时间： 踏勘集中地点：
1.10.1	投标预备会	□不召开 □召开，召开时间： 召开地点：
1.10.2	投标人提出问题的截止时间	
1.10.3	招标人书面澄清的时间	
1.11	偏离	□不允许 □允许
2.1	构成招标文件的其他材料	
2.2.1	投标人要求澄清招标文件的截止时间	
2.2.2	投标截止时间	______年____月____日____时____分
2.2.3	投标人确认收到招标文件澄清的时间	
2.3.2	投标人确认收到招标文件修改的时间	
3.1.1	构成投标文件的其他材料	
3.2.3	最高投标限价	最高投标限价：__________________元 本工程，规费计取人工费基数是________元，安全文明施工费计取人工费基数为________元，各投标人根据该基数按照________的费率计算，计算基数不得调整
3.3.1	投标有效期	________日历天
3.4.1	投标保证金	□不要求递交投标保证金 □要求递交投标保证金 投标保证金的形式： 投标保证金的金额：
3.5.2	近年财务状况的年份要求	________________年
3.5.3	近年完成的类似项目的年份要求	________________年

续表

条款号	条　款　名　称	编　列　内　容
3.6.3	签字或盖章要求	(1)所有要求盖章的地方都应加盖投标人单位(法定名称)章(鲜章),不得使用专用印章(如经济合同章、投标专用章等)或下属单位印章代替。 (2)投标文件格式中要求投标人"法定代表人或其委托代理人"签字的,如法定代表人亲自投标而不委托代理人投标的,由法定代表人签字;法定代表人授权委托代理人投标的,由委托代理人签字,也可由法定代表人签字
3.6.4	投标文件副本份数	________份 投标文件副本由其正本复制(复印)而成(包括证明文件)。当副本和正本不一致时,以正本为准,但副本和正本内容不一致造成的评标差错由投标人自行承担
3.6.5	装订要求	投标文件的正本和副本一律用A4复印纸(图、表及证件可以除外)编制和复制。 投标文件的正本和副本应采用粘贴方式左侧装订,不得采用活页夹等可随时拆换的方式装订,不得有零散页。 若同一册的内容较多,可装订成若干分册,并在封面标明次序及册数。 投标文件中的证明、证件及附件等的复印件应集中紧附在相应正文内容后面,并尽量与前面正文部分的顺序相对应
4.1.2	封套上应载明的信息	招标人地址: 招标人名称: __________(项目名称)投标文件 在_____年____月____日____时____分前不得开启
4.2.2	递交投标文件地点	
4.2.3	是否退还投标文件	□否 □是
5.1	开标时间和地点	开标时间:同投标截止时间 开标地点:
5.2	开标程序	密封情况检查:由投标人代表交叉检查。 开标顺序:依投标文件的递交顺序开标
6.1.1	评标委员会的组建	评标委员会构成:____人,其中招标人代表____人,专家_____人; 评标专家确定方式:

续表

条款号	条 款 名 称	编 列 内 容
7.1	是否授权评标委员会确定中标人	□是 □否,推荐的中标候选人数:
7.2	中标候选人公示媒介	
7.4.1	履约担保	履约担保的形式: 履约担保的金额:
9	需要补充的其他内容	
10	电子招标投标	□否 □是,具体要求:
……	……	

1.总则

1.1 项目概况

1.1.1 根据《中华人民共和国招标投标法》等有关法律、法规和规章的规定,本招标项目已具备招标条件,现对本项目施工进行招标。

1.1.2 本招标项目招标人:见投标人须知前附表。

1.1.3 本招标项目招标代理机构:见投标人须知前附表。

1.1.4 本招标项目名称:见投标人须知前附表。

1.1.5 本招标项目建设地点:见投标人须知前附表。

1.2 资金来源和落实情况

1.2.1 本招标项目的资金来源及出资比例:见投标人须知前附表。

1.2.2 本招标项目的资金落实情况:见投标人须知前附表。

1.3 招标范围、计划工期、质量要求

1.3.1 本次招标范围:见投标人须知前附表。

1.3.2 本招标项目的计划工期:见投标人须知前附表。

1.3.3 本招标项目的质量要求:见投标人须知前附表。

1.4 投标人资格要求

1.4.1 投标人应具备承担本项目施工的资质条件、能力和信誉。

(1)资质条件:见投标人须知前附表;

(2)项目经理资格:见投标人须知前附表;

(3)财务要求:见投标人须知前附表;

(4)业绩要求:见投标人须知前附表;

(5)其他要求:见投标人须知前附表。

1.4.2 投标人不得存在下列情形之一:

(1)为招标人不具有独立法人资格的附属机构(单位);

(2)为本招标项目前期准备提供设计或咨询服务的;

(3)为本招标项目的监理人;

(4)为本招标项目的代建人;

(5)为本招标项目提供招标代理服务的;

(6)与本招标项目的监理人或代建人或招标代理机构同为一个法定代表人的;

(7)与本招标项目的监理人或代建人或招标代理机构相互控股或参股的;

(8)与本招标项目的监理人或代建人或招标代理机构相互任职或工作的;

(9)被责令停业的;

(10)被暂停或取消投标资格的;

(11)财产被接管或冻结的;

(12)在最近三年内有骗取中标或严重违约或重大工程质量问题的。

1.4.3 单位负责人为同一人或者存在控股、管理关系的不同单位,不得同时参加本招标项目投标。

1.5 费用承担

投标人准备和参加投标活动发生的费用自理。

1.6 保密

参与招标投标活动的各方应对招标文件和投标文件中的商业和技术等秘密保密,违者应对由此造成的后果承担法律责任。

1.7 语言文字

招标投标文件使用的语言文字为中文。专用术语使用外文的,应附有中文注释。

1.8 计量单位

所有计量均采用中华人民共和国法定计量单位。

1.9 踏勘现场

1.9.1 投标人须知前附表规定组织踏勘现场的,招标人按投标人须知前附表规定的时间、地点组织投标人踏勘项目现场。

1.9.2 投标人踏勘现场发生的费用自理。

1.9.3 除招标人的原因外,投标人自行负责在踏勘现场中所发生的人员伤亡和财产损失。

1.9.4 招标人在踏勘现场中介绍的工程场地和相关的周边环境情况,供投标人在编制投标文件时参考,招标人不对投标人据此作出的判断和决策负责。

1.10 投标预备会

1.10.1 投标人须知前附表规定召开投标预备会的,招标人按投标人须知前附表规定的时间和地点召开投标预备会,澄清投标人提出的问题。

1.10.2 投标人应在投标人须知前附表规定的时间前,以书面形式将提出的问题送达招标人,以便招标人在会议期间澄清。

1.10.3 投标预备会后，招标人在投标人须知前附表规定的时间内，将对投标人所提问题的澄清，以书面形式通知所有购买招标文件的投标人。该澄清内容为招标文件的组成部分。

1.11 偏离

投标人须知前附表允许投标文件偏离招标文件某些要求的，偏离应当符合招标文件规定的偏离范围和幅度。

2. 招标文件

2.1 招标文件的组成

2.1.1 本招标文件包括：

(1)招标公告(或投标邀请书)；

(2)投标人须知；

(3)评标办法；

(4)合同条款及格式；

(5)工程量清单；

(6)图纸；

(7)技术标准和要求；

(8)投标文件格式；

(9)投标人须知前附表规定的其他材料。

2.1.2 根据本章第 1.10 款、第 2.2 款和第 2.3 款对招标文件所作的澄清、修改，构成招标文件的组成部分。

2.2 招标文件的澄清

2.2.1 投标人应仔细阅读和检查招标文件的全部内容。如发现缺页或附件不全，应及时向招标人提出，以便补齐。如有疑问，应在投标人须知前附表规定的时间前以书面形式(包括信函、电报、传真等可以有形地表现所载内容的形式，下同)，要求招标人对招标文件予以澄清。

2.2.2 招标文件的澄清将以书面形式发给所有购买招标文件的投标人，但不指明澄清问题的来源。如果澄清发出的时间距投标人须知前附表规定的投标截止时间不足 15 天，并且澄清内容影响投标文件编制的，将相应延长投标截止时间。

2.2.3 投标人在收到澄清后，应在投标人须知前附表规定的时间内以书面形式通知招标人，确认已收到该澄清。

2.3 招标文件的修改

2.3.1 招标人可以书面形式修改招标文件，并通知所有已购买招标文件的投标人。但如果修改招标文件的时间距投标截止时间不足 15 天，并且修改内容影响投标文件编制的，将相应延长投标截止时间。

2.3.2 投标人收到修改内容后，应在投标人须知前附表规定的时间内以书面形式通知招标人，确认已收到该修改。

3.投标文件

3.1 投标文件的组成

投标文件应包括下列内容：

(1)投标函及投标函附录;

(2)法定代表人身份证明或附有法定代表人身份证明的授权委托书;

(3)投标保证金;

(4)已标价工程量清单;

(5)施工组织设计;

(6)项目管理机构;

(7)资格审查资料;

(8)投标人须知前附表规定的其他材料。

3.2 投标报价

3.2.1 投标人应按第五章“工程量清单”的要求填写相应表格。

3.2.2 投标人在投标截止时间前修改投标函中的投标报价总额,应同时修改“已标价工程量清单”中的相应报价,投标报价总额为各分项金额之和。此修改须符合本章第4.3款的有关要求。

3.2.3 招标人设有最高投标限价的,投标人的投标报价不得超过最高投标限价,最高投标限价或其计算方法在投标人须知前附表中载明。

3.3 投标有效期

3.3.1 除投标人须知前附表另有规定外,投标有效期为60天。

3.3.2 在投标有效期内,投标人撤销或修改其投标文件的,应承担招标文件和法律规定的责任。

3.3.3 出现特殊情况需要延长投标有效期的,招标人以书面形式通知所有投标人延长投标有效期。投标人同意延长的,应相应延长其投标保证金的有效期,但不得要求或被允许修改或撤销其投标文件;投标人拒绝延长的,其投标失效,但投标人有权收回其投标保证金。

3.4 投标保证金

3.4.1 投标人须知前附表规定递交投标保证金的,投标人在递交投标文件的同时,应按投标人须知前附表规定的金额、担保形式和第八章“投标文件格式”规定的或者事先经过招标人认可的投标保证金格式递交投标保证金,并作为其投标文件的组成部分。

3.4.2 投标人不按本章第3.4.1项要求提交投标保证金的,评标委员会将否决其投标。

3.4.3 招标人与中标人签订合同后5日内,向未中标的投标人和中标人退还投标保证金及同期银行存款利息。

3.4.4 有下列情形之一的,投标保证金将不予退还:

(1)投标人在规定的投标有效期内撤销或修改其投标文件;

(2)中标人在收到中标通知书后,无正当理由拒签合同协议书或未按招标文件规定提交履约担保。

3.5 资格审查资料

3.5.1“投标人基本情况表”应附投标人营业执照及其年检合格的证明材料、资质证书副本和安全生产许可证等材料的复印件。

3.5.2“近年财务状况表”应附经会计师事务所或审计机构审计的财务会计报表,包括资产负债表、现金流量表、利润表和财务情况说明书等复印件,具体年份要求见投标人须知前附表。

3.5.3“近年完成的类似项目情况表”应附中标通知书和(或)合同协议书、工程接收证书(工程竣工验收证书)复印件,具体年份要求见投标人须知前附表。每张表格只填写一个项目,并标明序号。

3.5.4“正在施工和新承接的项目情况表”应附中标通知书和(或)合同协议书复印件。每张表格只填写一个项目,并标明序号。

3.6 投标文件的编制

3.6.1 投标文件应按第八章“投标文件格式”进行编写,如有必要,可以增加附页,作为投标文件的组成部分。其中,投标函附录在满足招标文件实质性要求的基础上,可以提出比招标文件要求更有利于招标人的承诺。

3.6.2 投标文件应当对招标文件有关工期、投标有效期、质量要求、技术标准和要求、招标范围等实质性内容作出响应。

3.6.3 投标文件应用不褪色的材料书写或打印,并由投标人的法定代表人或其委托代理人签字或盖单位章。委托代理人签字的,投标文件应附法定代表人签署的授权委托书。投标文件应尽量避免涂改、行间插字或删除。如果出现上述情况,改动之处应加盖单位章或由投标人的法定代表人或其授权的代理人签字确认。签字或盖章的具体要求见投标人须知前附表。

3.6.4 投标文件正本一份,副本份数见投标人须知前附表。正本和副本的封面上应清楚地标记“正本”或“副本”的字样。当副本和正本不一致时,以正本为准。

3.6.5 投标文件的正本与副本应分别装订成册,具体装订要求见投标人须知前附表规定。

4. 投标

4.1 投标文件的密封和标记

4.1.1 投标文件应进行包装、加贴封条,并在封套的封口处加盖投标人单位章。

4.1.2 投标文件封套上应写明的内容见投标人须知前附表。

4.1.3 未按本章第 4.1.1 项或第 4.1.2 项要求密封和加写标记的投标文件,招标人应予拒收。

4.2 投标文件的递交

4.2.1 投标人应在本章第 2.2.2 项规定的投标截止时间前递交投标文件。

4.2.2 投标人递交投标文件的地点:见投标人须知前附表。

4.2.3 除投标人须知前附表另有规定外,投标人所递交的投标文件不予退还。

4.2.4 招标人收到投标文件后,向投标人出具签收凭证。

4.2.5 逾期送达的或者未送达指定地点的投标文件,招标人不予受理。

4.3 投标文件的修改与撤回

4.3.1 在本章第 2.2.2 项规定的投标截止时间前,投标人可以修改或撤回已递交的投标文件,但应以书面形式通知招标人。

4.3.2 投标人修改或撤回已递交投标文件的书面通知应按照本章第 3.6.3 项的要求签字或盖章。招标人收到书面通知后,向投标人出具签收凭证。

4.3.3 投标人撤回投标文件的,招标人自收到投标人书面撤回通知之日起 5 日内退还已收取的投标保证金。

4.3.4 修改的内容为投标文件的组成部分。修改的投标文件应按照本章第 3 条、第 4 条规定进行编制、密封、标记和递交，并标明“修改”字样。

5.开标

5.1 开标时间和地点

招标人在本章第 2.2.2 项规定的投标截止时间(开标时间)和投标人须知前附表规定的地点公开开标，并邀请所有投标人的法定代表人或其委托代理人准时参加。

5.2 开标程序

主持人按下列程序进行开标：

(1)宣布开标纪律；

(2)公布在投标截止时间前递交投标文件的投标人名称，并点名确认投标人是否派人到场；

(3)宣布开标人、唱标人、记录人、监标人等有关人员姓名；

(4)按照投标人须知前附表规定检查投标文件的密封情况；

(5)按照投标人须知前附表的规定确定并宣布投标文件开标顺序；

(6)设有标底的，公布标底；

(7)按照宣布的开标顺序当众开标，公布投标人名称、投标保证金的递交情况、投标报价、质量目标、工期及其他内容，并记录在案；

(8)规定最高投标限价计算方法的，计算并公布最高投标限价；

(9)投标人代表、招标人代表、监标人、记录人等有关人员在开标记录上签字确认；

(10)开标结束。

5.3 开标异议

投标人对开标有异议的，应当在开标现场提出，招标人当场作出答复，并制作记录。

6.评标

6.1 评标委员会

6.1.1 评标由招标人依法组建的评标委员会负责。评标委员会由招标人或其委托的招标代理机构熟悉相关业务的代表，以及有关技术、经济等方面的专家组成。评标委员会成员人数以及技术、经济等方面专家的确定方式见投标人须知前附表。

6.1.2 评标委员会成员有下列情形之一的，应当回避：

(1)投标人或投标人主要负责人的近亲属；

(2)项目主管部门或者行政监督部门的人员；

(3)与投标人有经济利益关系；

(4)曾因在招标、评标以及其他与招标投标有关活动中从事违法行为而受过行政处罚或刑事处罚的；

(5)与投标人有其他利害关系。

6.2 评标原则

评标活动遵循公平、公正、科学和择优的原则。

6.3 评标

评标委员会按照第三章“评标办法”规定的方法、评审因素、标准和程序对投标文件进行评审。第三章“评标办法”没有规定的方法、评审因素和标准,不作为评标依据。

7.合同授予

7.1 定标方式

除投标人须知前附表规定评标委员会直接确定中标人外,招标人依据评标委员会推荐的中标候选人确定中标人,评标委员会推荐中标候选人的人数见投标人须知前附表。

7.2 中标候选人公示

招标人在投标人须知前附表规定的媒介公示中标候选人。

7.3 中标通知

在本章第3.3款规定的投标有效期内,招标人以书面形式向中标人发出中标通知书,同时将中标结果通知未中标的投标人。

7.4 履约担保

7.4.1 在签订合同前,中标人应按投标人须知前附表规定的担保形式和招标文件第四章“合同条款及格式”规定的或者事先经过招标人书面认可的履约担保格式向招标人提交履约担保。除投标人须知前附表另有规定外,履约担保金额为中标合同金额的10%。

7.4.2 中标人不能按本章第7.4.1项要求提交履约担保的,视为放弃中标,其投标保证金不予退还,给招标人造成的损失超过投标保证金数额的,中标人还应当对超过部分予以赔偿。

7.5 签订合同

7.5.1 招标人和中标人应当自中标通知书发出之日起30天内,根据招标文件和中标人的投标文件订立书面合同。中标人无正当理由拒签合同的,招标人取消其中标资格,其投标保证金不予退还;给招标人造成的损失超过投标保证金数额的,中标人还应当对超过部分予以赔偿。

7.5.2 发出中标通知书后,招标人无正当理由拒签合同的,招标人向中标人退还投标保证金;给中标人造成损失的,还应当赔偿损失。

8.纪律和监督

8.1 对招标人的纪律要求

招标人不得泄漏招标投标活动中应当保密的情况和资料,不得与投标人串通损害国家利益、社会公共利益或者他人合法权益。

8.2 对投标人的纪律要求

投标人不得相互串通投标或者与招标人串通投标,不得向招标人或者评标委员会成员行贿谋取中标,不得以他人名义投标或者以其他方式弄虚作假骗取中标;投标人不得以任何方式干扰、影响评标工作。

8.3 对评标委员会成员的纪律要求

评标委员会成员不得收受他人的财物或者其他好处,不得向他人透漏对投标文件的评审和比较、中标候选人的推荐情况以及评标有关的其他情况。在评标活动中,评标委员会成员应当客观、公正地履行职责,遵守职业道德,不得擅离职守,影响评标程序正常进行,不得使用第三章“评标办法”没有规定的评审因素和标准进行评标。

8.4 对与评标活动有关的工作人员的纪律要求

与评标活动有关的工作人员不得收受他人的财物或者其他好处,不得向他人透漏对投标文件的评审和比较、中标候选人的推荐情况以及评标有关的其他情况。在评标活动中,与评标活动有关的工作人员不得擅离职守,影响评标程序正常进行。

8.5 投诉

投标人和其他利害关系人认为本次招标活动违反法律、法规和规章规定的,有权向有关行政监督部门投诉。

9. 需要补充的其他内容

需要补充的其他内容:见投标人须知前附表。

10.电子招标投标

采用电子招标投标,对投标文件的编制、密封和标记、递交、开标、评标等的具体要求,见投标人须知前附表。

附件一:开标记录表(略)

附件二:问题澄清通知(略)

附件三:问题的澄清(略)

附件四:中标通知书(略)

附件五:中标结果通知书(略)

附件六:确认通知(略)

第三章　评标办法(经评审的最低投标价法)

评标办法前附表

条款号		评审因素	评审标准
2.1.1	形式评审标准	投标人名称	与营业执照、资质证书、安全生产许可证一致
		投标函签字盖章	有法定代表人或其委托代理人签字或加盖单位章
		投标文件格式	符合第八章"投标文件格式"的要求
		报价唯一	只能有一个有效报价
		……	……
2.1.2	资格评审标准	营业执照	具备有效的营业执照
		安全生产许可证	具备有效的安全生产许可证
		资质等级	符合第二章"投标人须知"第 1.4.1 项规定
		项目经理	符合第二章"投标人须知"第 1.4.1 项规定
		财务要求	符合第二章"投标人须知"第 1.4.1 项规定
		业绩要求	符合第二章"投标人须知"第 1.4.1 项规定
		其他要求	符合第二章"投标人须知"第 1.4.1 项规定
		……	……

续表

条款号		评审因素	评审标准
2.1.3	响应性评审标准	投标报价	符合第二章“投标人须知”第3.2.3项规定
		投标内容	符合第二章“投标人须知”第1.3.1项规定
		工期	符合第二章“投标人须知”第1.3.2项规定
		工程质量	符合第二章“投标人须知”第1.3.3项规定
		投标有效期	符合第二章“投标人须知”第3.3.1项规定
		投标保证金	符合第二章“投标人须知”第3.4.1项规定
		权利义务	符合第四章“合同条款及格式”规定
		已标价工程量清单	符合第五章“工程量清单”给出的范围及数量
		技术标准和要求	符合第七章“技术标准和要求”规定
		……	……
2.1.4	施工组织设计评审标准	质量管理体系与措施	……
		安全管理体系与措施	……
		环境保护管理体系与措施	……
		工程进度计划与措施	……
		资源配备计划	……
		……	……
条款号		量化因素	量化标准
2.2	详细评审标准	单价遗漏	……
		不平衡报价	……
		……	……

1.评标方法

本次评标采用经评审的最低投标价法。评标委员会对满足招标文件实质要求的投标文件，根据本章第2.2款规定的量化因素及量化标准进行价格折算，按照经评审的投标价由低到高的顺序推荐中标候选人，或根据招标人授权直接确定中标人，但投标报价低于其成本的除外。经评审的投标价相等时，投标报价低的优先；投标报价也相等的，由招标人或其授权的评标委员会自行确定。

2.评审标准

2.1 初步评审标准

2.1.1 形式评审标准：见评标办法前附表。

2.1.2 资格评审标准：见评标办法前附表。

2.1.3 响应性评审标准：见评标办法前附表。

2.1.4 施工组织设计评审标准：见评标办法前附表。

2.2 详细评审标准

详细评审标准：见评标办法前附表。

3.评标程序

3.1 初步评审

3.1.1 评标委员会可以要求投标人提交第二章“投标人须知”第3.5.1项至第3.5.4项规定的有关证明和证件的原件,以便核验。评标委员会依据本章第2.1款规定的标准对投标文件进行初步评审。有一项不符合评审标准的,评标委员会应当否决其投标。

3.1.2 投标人有以下情形之一的,评标委员会应当否决其投标:

(1)第二章“投标人须知”第1.4.2项、第1.4.3项规定的任何一种情形的;

(2)串通投标或弄虚作假或有其他违法行为的;

(3)不按评标委员会要求澄清、说明或补正的。

3.1.3 投标报价有算术错误的,评标委员会按以下原则对投标报价进行修正,修正的价格经投标人书面确认后具有约束力。投标人不接受修正价格的,评标委员会应当否决其投标。

(1)投标文件中的大写金额与小写金额不一致的,以大写金额为准;

(2)总价金额与依据单价计算出的结果不一致的,以单价金额为准修正总价,但单价金额小数点有明显错误的除外。

3.2 详细评审

3.2.1 评标委员会按本章第2.2款规定的量化因素和标准进行价格折算,计算出评标价,并编制价格比较一览表。

3.2.2 评标委员会发现投标人的报价明显低于其他投标报价,或者在设有标底时明显低于标底,使得其投标报价可能低于其成本的,应当要求该投标人作出书面说明并提供相应的证明材料。投标人不能合理说明或者不能提供相应证明材料的,评标委员会应当认定该投标人以低于成本报价竞标,否决其投标。

3.3 投标文件的澄清和补正

3.3.1 在评标过程中,评标委员会可以书面形式要求投标人对所提交的投标文件中不明确的内容进行书面澄清或说明,或者对细微偏差进行补正。评标委员会不接受投标人主动提出的澄清、说明或补正。

3.3.2 澄清、说明和补正不得改变投标文件的实质性内容。投标人的书面澄清、说明和补正属于投标文件的组成部分。

3.3.3 评标委员会对投标人提交的澄清、说明或补正有疑问的,可以要求投标人进一步澄清、说明或补正,直至满足评标委员会的要求。

3.4 评标结果

3.4.1 除第二章“投标人须知”前附表授权直接确定中标人外,评标委员会按照经评审的价格由低到高的顺序推荐中标候选人。

3.4.2 评标委员会完成评标后,应当向招标人提交书面评标报告。

第三章 评标办法(综合评估法)(略)

第四章 合同条款及格式

第一节 通用合同条款

1. 一般约定

1.1 词语定义(略)

1.2 语言文字

合同使用的语言文字为中文。专用术语使用外文的,应附有中文注释。

1.3 法律

适用于合同的法律包括中华人民共和国法律、行政法规、部门规章,以及工程所在地的地方法规、自治条例、单行条例和地方政府规章。

1.4 合同文件的优先顺序

组成合同的各项文件应互相解释,互为说明。除专用合同条款另有约定外,解释合同文件的优先顺序如下:

(1)合同协议书;

(2)中标通知书;

(3)投标函及投标函附录;

(4)专用合同条款;

(5)通用合同条款;

(6)技术标准和要求;

(7)图纸;

(8)已标价工程量清单;

(9)其他合同文件。

1.5 合同协议书

承包人按中标通知书规定的时间与发包人签订合同协议书。除法律另有规定或合同另有约定外,发包人和承包人的法定代表人或其委托代理人在合同协议书上签字并盖单位章后,合同生效。

1.6 图纸和承包人文件

1.6.1 发包人提供的图纸

除专用合同条款另有约定外,图纸应在合理的期限内按照合同约定的数量提供给承包人。

1.6.2 承包人提供的文件

按专用合同条款约定由承包人提供的文件,包括部分工程的大样图、加工图等,承包人应按约定的数量和期限报送监理人。监理人应在专用合同条款约定的期限内批复。

1.7 联络

与合同有关的通知、批准、证明、证书、指示、要求、请求、同意、意见、确定和决定等重要文件,均应采用书面形式。

按合同约定应当由监理人审核、批准、确认或者提出修改意见的承包人的要求、请求、申请和报批等,监理人在合同约定的期限内未回复的,视同认可,合同中未明确约定回复期限的,其相应期限均为收到相关文件后7天。

2. 发包人义务

2.1 遵守法律(略)

2.2 发出开工通知(略)

2.3 提供施工场地(略)

2.4 协助承包人办理证件和批件(略)

2.5 组织设计交底(略)

2.6 支付合同价款(略)

2.7 组织竣工验收(略)

2.8 其他义务(略)

3. 监理人(略)

3.1 监理人的职责和权力(略)

3.2 总监理工程师

发包人应在发出开工通知前将总监理工程师的任命通知承包人。

3.3 监理人员

3.3.1 总监理工程师可以授权其他监理人员负责执行其指派的一项或多项监理工作。总监理工程师应将被授权监理人员的姓名及其授权范围通知承包人。被授权的监理人员在授权范围内发出的指示视为已得到总监理工程师的同意,与总监理工程师发出的指示具有同等效力。总监理工程师撤销某项授权时,应将撤销授权的决定及时通知发包人和承包人。

3.3.2 监理人员对承包人文件、工程或其采用的材料和工程设备未在约定的或合理的期限内提出否定意见的,视为已获批准,但不影响监理人在以后拒绝该项工作、工程、材料或工程设备的权利,监理人的拒绝应当符合法律规定和合同约定。

3.3.3 承包人对总监理工程师授权的监理人员发出的指示有疑问的,可在该指示发出的48小时内向总监理工程师提出书面异议,总监理工程师应在48小时内对该指示予以确认、更改或撤销。

3.3.4 除专用合同条款另有约定外,总监理工程师不应将第3.5款约定应由总监理工程师作出确定的权力授权或委托给其他监理人员。

3.4 监理人的指示(略)

3.5 商定或确定(略)

4. 承包人(略)

4.1 承包人的一般义务(略)

4.2 履约担保(略)

4.3 承包人项目经理

承包人应按合同约定指派项目经理,并在约定的期限内到职。承包人项目经理应按合同约定以及监理人按第3.4款作出的指示,负责组织合同工程的实施。承包人为履行合同发出的一切函件均应盖有承包人授权的施工场地管理机构章,并由承包人项目经理或其授权代表签字。

4.4 工程价款应专款专用(略)

4.5 不利物质条件(略)

5. 施工控制网(略)

6. 工期(略)

7. 工程质量(略)

8. 试验和检验(略)

9. 变更(略)

9.1 变更权

在履行合同过程中,经发包人同意,监理人可按第9.2款约定的变更程序向承包人作出变更指示,承包人应遵照执行。

9.2 变更程序(略)

9.3 变更的估价原则

除专用合同条款另有约定外,因变更引起的价格调整按照本款约定处理:

(1)已标价工程量清单中有适用于变更工作的子目的,采用该子目的单价;

(2)已标价工程量清单中无适用于变更工作的子目,但有类似子目的,可在合理范围内参照类似项目,由监理人按第3.5款商定或确定变更工作的单价;

(3)已标价工程量清单中无适用或类似子目的单价,可按照成本加利润的原则,由监理人按第3.5款商定或确定变更工作的单价。

9.4 暂列金额(略)

暂列金额只能按照监理人的指示使用,并对合同价格进行相应调整。

9.5 计日工(略)

9.5.1 发包人认为有必要时,由监理人通知承包人以计日工方式实施变更的零星工作。其价款按列入已标价工程量清单中的计日工计价子目及其单价进行计算。

9.5.2 采用计日工计价的任何一项变更工作,应从暂列金额中支付,承包人应在该项变更的实施过程中,每天提交以下报表和有关凭证报送监理人审批:

(1)工作名称、内容和数量;

(2)投入该工作所有人员的姓名、工种、级别和耗用工时;

(3)投入该工作的材料类别和数量;

(4)投入该工作的施工设备型号、台数和耗用台时;

(5)监理人要求提交的其他资料和凭证。

9.5.3 计日工由承包人汇总后,按第10.3款的约定列入进度付款申请单,由监理人复核并经发包人同意后列入进度付款。

10. 计量与支付

10.1 计量

除专用合同条款另有约定外,承包人应根据有合同约束力的进度计划,按月分解签约合同价,形成支付分解报告,送监理人批准后成为有合同约束力的支付分解表,按有合同约束力的支付分解表分期计量和支付;支付分解表应随进度计划的修订而调整;除按照第9条约定的变更外,签约合同价所基于的工程量即是用于竣工结算的最终工程量。

10.2 预付款(略)
10.3 工程进度付款(略)
10.4 质量保证金(略)
10.5 竣工结算(略)
10.6 付款延误(略)
11. 竣工验收(略)
12. 缺陷责任与保修责任(略)
13. 保险(略)
14. 不可抗力(略)
15. 违约(略)
16. 索赔(略)
17. 争议的解决(略)
第二节 专用合同条款(略)
第三节 合同附件格式(略)

第五章 工程量清单

1. 工程量清单说明
1.1 本工程量清单是根据招标文件中包括的、有合同约束力的图纸以及有关工程量清单的国家标准、行业标准、合同条款中约定的工程量计算规则编制。约定计量规则中没有的子目，其工程量按照有合同约束力的图纸所标示尺寸的理论净量计算。计量采用中华人民共和国法定计量单位。
1.2 本工程量清单应与招标文件中的投标人须知、通用合同条款、专用合同条款、技术标准和要求及图纸等一起阅读和理解。
1.3 本工程量清单仅是投标报价的共同基础，实际工程计量和工程价款的支付应遵循合同条款的约定和第七章“技术标准和要求”的有关规定。
1.4 补充子目工程量计算规则及子目工作内容说明：________________________。
2. 投标报价说明
2.1 工程量清单中的每一子目须填入单价或价格，且只允许有一个报价。
2.2 工程量清单中标价的单价或金额，应包括所需的人工费、材料和施工机具使用费和企业管理费、利润以及一定范围内的风险费用等。
2.3 工程量清单中投标人没有填入单价或价格的子目，其费用视为已分摊在工程量清单中其他相关子目的单价或价格之中。
2.4 暂列金额的数量及拟用子目的说明：
3. 其他说明
4. 工程量清单(略)

第六章 图　纸

1. 图纸目录(略)
2. 图纸(略)

第七章　技术标准和要求(略)

第八章　投标文件格式(除了封面和目录,其他略)

________(项目名称)

投　标　文　件

投标人:________________________________(盖单位章)

法定代表人或其委托代理人:________________(签字)

______年____月____日

目　录

附录2 施工方案选择参考格式

<table><tr><td>

________________工程常规(拟订)施工方案选择

一、土石方工程
1.本工程土方工程施工方法:
2.主要的土方施工机械:
二、混凝土工程
1.本工程混凝土工程均采取__________,以商品混凝土为主,现场搅拌为辅,除____________________工程外,其他项目均采用商品混凝土。
2.混凝土模板采取____________________。
三、主要施工机械一览表

</td></tr></table>

【使用说明】

①编制招标工程量清单和招标控制价时,实训者应了解工程所在地常规的施工方案,结合实训工程合理选择。

②编制投标报价时,实训者应了解投标企业的技术水平,并模拟该企业的技术管理人员,拟订与工程造价相关的主要施工方案。

③以上内容仅供参考。

附录3 图纸补充说明参考格式

____________________工程

图纸补充说明

<table><tr><td>

姓名:　　　班级:　　　学号:

建设单位签字(盖章):　　　　　　　　设计单位签字(盖章):
年　月　日　　　　　　　　　　　　　年　月　日

</td></tr></table>

【使用说明】

①实训者应模拟设计单位和建设单位,对图纸中存在的错、漏、缺问题进行处理。

②以上内容仅供参考。

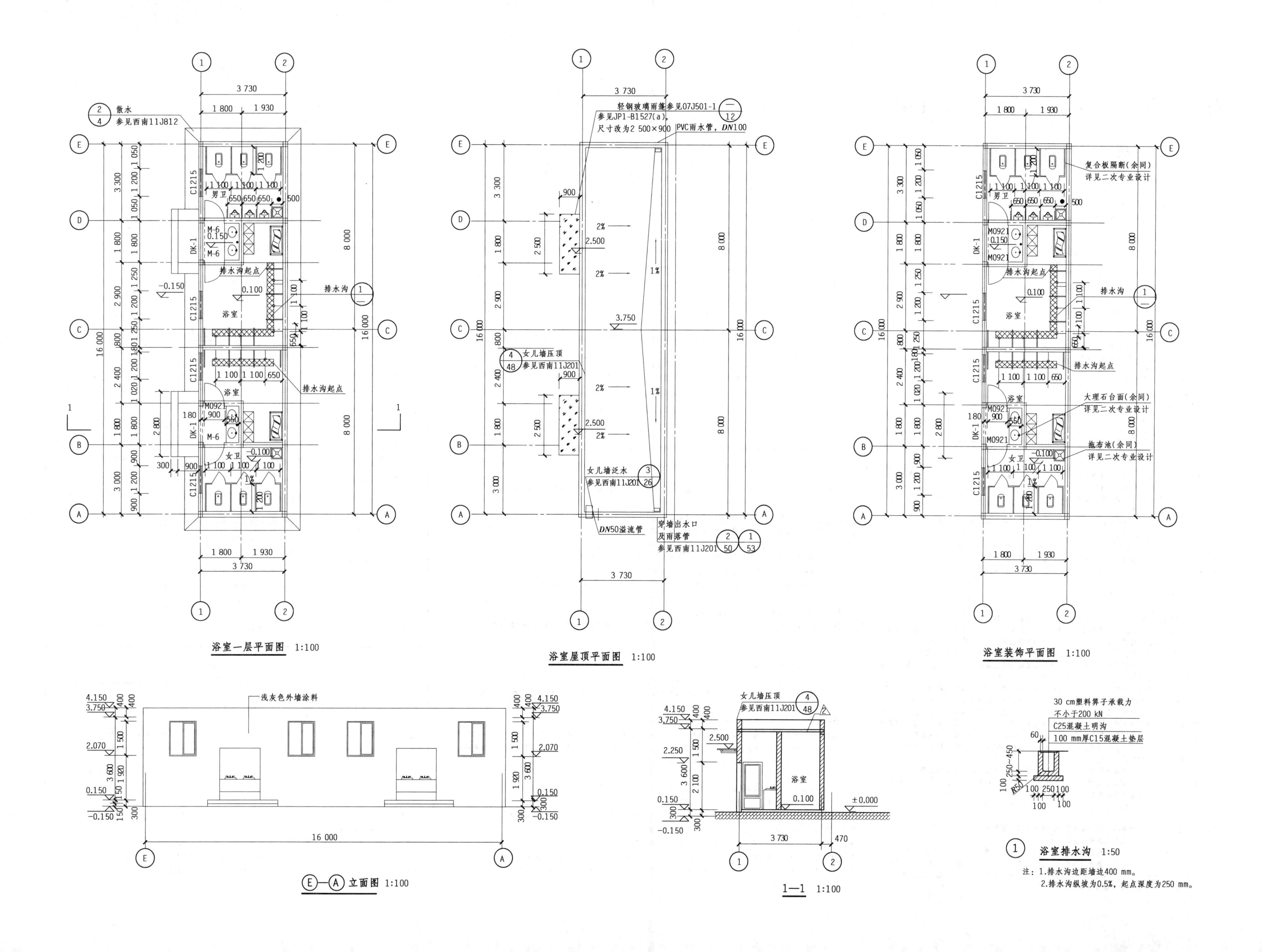
浴室一层平面图 1:100
浴室屋顶平面图 1:100
浴室装饰平面图 1:100
E—A 立面图 1:100
1—1 1:100
浴室排水沟 1:50
散水
参见西南11J812
轻钢玻璃雨篷参见07J501-1
参见JP1-B1527(a)，
尺寸改为2 500×900
PVC雨水管，DN100
女儿墙压顶
参见西南11J201
女儿墙泛水
参见西南11J201
DN50溢流管
穿墙出水口
及雨落管
参见西南11J201
复合板隔断(余同)
详见二次专业设计
大理石台面(余同)
详见二次专业设计
拖布池(余同)
详见二次专业设计
排水沟
排水沟起点
男卫
女卫
浴室
浅灰色外墙涂料
30 cm塑料箅子承载力
不小于200 kN
C25混凝土明沟
100 mm厚C15混凝土垫层
注：1.排水沟边距墙边400 mm。
2.排水沟纵坡为0.5%，起点深度为250 mm。

附录4　新建××厂房配套卫浴间施工图

建筑设计施工说明

1. 本施工图设计的依据：
 1.1 初步设计的批准文件和批准的初步设计。
 1.2 业主单位××委托设计院进行施工图设计签订的工程设计合同。
 1.3 业主对本工程设计的工艺要求。
 1.4 该项目有关主导专业所提供的施工图设计资料、图纸及要求。
 1.5 国家现行的有关建筑设计规范、规程及规定。如：
  (1)《建筑设计防火规范》(GB 50016—2014，2018年版)；
  (2)《建筑抗震设计规范》(GB 50011—2010，2016年版)；
  (3)《建筑地面设计规范》(GB 50037—2013)；
  (4)《屋面工程技术规范》(GB 50345—2012)；
  (5)《建筑采光设计标准》(GB 50033—2013)。
 1.6 工程概况
  本工程为新建××厂房配套卫浴间，属于××电气设备生产厂的附属配套建筑。建筑面积为64.47 m²，建筑层数1层，砖混结构形式。
2. 项目概况：
 2.1 建设单位：××电气设备生产厂。
 2.2 建筑名称：新建××厂房配套卫浴间。
 2.3 建筑面积：64.47 m²。
 2.4 建筑层数：一层。
 2.5 建筑物耐火等级：二级。
 2.6 屋面防水等级：Ⅱ级。
 2.7 结构类型：砖混结构。
 2.8 建筑抗震设防烈度：7度。
 2.9 建筑工程等级和设计使用年限：建筑结构安全等级为二级，建筑物主体结构合理使用年限不低于50年。
3. 设计总则：
 3.1 凡施工及验收规范已对建筑物各部位(如屋面、砌体、地面、门窗等)所用材料、规格、施工及验收要求等有规定者，本说明不再重复，均按有关现行规范执行。
 3.2 设计中采用的标准图、通用图，不论采用其局部节点还是全部详图，均应按照该图集的图纸和说明等要求进行施工。
 3.3 凡本说明所规定各项在设计图中另有说明时，应按具体设计图的说明要求进行施工。
4. 设计图中尺寸及标高的标注：
 4.1 除图中注明者外，设计图中所注标高一律以米(m)为单位，尺寸一律以毫米(mm)为单位。
 4.2 设计图中所有尺寸均以图中所注尺寸为准，不应在图上度量。
 4.3 除图中注明者外，建筑平、剖、立面图中所注标高均为建筑完成面标高；屋面层为结构面标高。
 4.4 门窗所注尺寸均为洞口尺寸。
5. 墙体：
 5.1 墙体：除图中注明者外，外墙采用240 mm厚标准页岩砖砖墙，详见结施。
 5.2 本工程项目凡采用砖墙处：防潮层以上砖墙均采用标号不低于MU10标准页岩砖，M5混合砂浆砌筑。防潮层以下砖墙采用标号不低于MU10的标准页岩砖，M7.5水泥砂浆砌筑。
 5.3 建筑物均在室内地坪标高±0.000以下60 mm处设20 mm厚1:2水泥砂浆(加3%~5%防水剂)防潮层。
 5.4 底层室内相邻地坪有高差时，应在高差处墙身的侧面加设防潮层。当墙身一侧设有花坛和覆土时，相邻墙身外侧应设防潮层。防潮层做法同上。
 5.5 半砖墙直接砌在地面上时，局部混凝土垫层加厚加宽至300 mm，底部向上按45°放坡。半砖墙每隔500 mm配置2Φ6钢筋，并与相邻砖墙拉结，且每边深入墙内长度应不小于1 000 mm。
 5.6 不同墙体材料的连接处均应按结构构造配置拉墙筋，详见结施图，砌筑时应相互搭接，不能留通缝。凡外墙墙体采用不同墙体材料，其相接处做粉刷时应加设不小于300 mm宽的钢丝网。
 5.7 所有砖墙的砌筑及拉结要求均详见结构设计图纸中所注，并按有关规定、要求执行。
  凡是砖隔墙未砌至梁底、板底者，均设60 mm高与墙同宽的C20细石混凝土压顶，内配2Φ6通长钢筋、Φ4@150箍筋。
 5.8 凡墙内预埋木砖均需采用环保型涂料满涂，预埋铁件均需除锈处理，刷防锈漆两道。凡砖墙或轻质墙上留洞详见建施图，钢筋混凝土墙或楼板留洞详见结施图。墙体上设计要求预留的洞、管道、沟槽等均应在砌筑时正确留出。
6. 屋面：
 6.1 屋面建筑构造详见剖面图及屋面做法表中的屋面建筑构造做法。
 6.2 钢筋混凝土屋面的构造参见西南11J201-2210。
 6.3 凡钢筋混凝土现浇屋面板在施工时应连续浇捣，不允许设置施工缝(后浇带除外)，并切实保证混凝土密实。卷材防水屋面基层与突出的屋面结构(如女儿墙、立墙等)的连接处以及基层的阳角、阴角形状变化处(如水落口、檐沟等)，均应做成圆弧，泛水处增设一层防水层。所有檐口天沟、女儿墙、雨篷翻口等顶面粉刷均应向内侧做>1%的排水坡。
 6.4 高低跨卷材屋面若高跨屋面为无组织排水时，低跨屋面受水冲刷的部位应加铺一层整幅卷材，再铺设300~500 mm宽、30 mm厚C20细石混凝土板(内配Φ4@200双向钢筋网)。当为有组织排水时，水落管下应增设钢筋混凝土水簸箕。
 6.5 屋面防水构造应执行《屋面工程技术规范》(GB 50345—2012)的规定。
7. 楼、地面：
 7.1 楼地面建筑构造详见“装饰做法表”。
 7.2 厕所、盥洗间等凡有水浸的楼地面，标高均比同层楼地面标高低50 mm，并做i=1%坡度，坡向地漏，且砖墙下部加做150 mm高同墙宽的C25混凝土挡水，与楼、地面同时浇捣，并在楼地面找坡层上加设一道防水层(沿墙四周翻起150 mm)，防水层材料为1.5 mm厚聚氨酯防水涂料。
 7.3 耐磨面层施工应由专业单位在浇捣混凝土地坪时紧密配合，确保工程质量。地坪颜色由甲方确定。
 7.4 所有预埋管线必须在地面施工前设置铺完。
 7.5 凡管道井均需在每层楼面预留钢筋网，待设备及管道安装完毕后，用C20细石混凝土封堵(厚度同楼板)。
8. 顶棚：
 一般顶棚建筑构造详见“装饰做法表”。
9. 门窗：
 9.1 所有内外门窗立框位置，除注明者外，一般木门与开启方向墙面平，喷塑钢门窗居墙中立框。
 9.2 除注明外，所有门均距墙边240 mm(200 mm厚墙体处则为200 mm)立樘，或位于墙中，或紧贴混凝土柱。
 9.3 门窗装修五金零件除注明者外，均应按预算定额配齐。门窗玻璃必须满足《建筑玻璃应用技术规程》(JGJ 113—2015)的有关规定要求。
  门、窗玻璃一般为5 mm厚。当玻璃面积大于1.5 m²时，门、窗玻璃均应采用钢化玻璃，门玻璃用6 mm厚钢化玻璃。
 9.4 所有外门窗要求满足气密性、水密性、抗风压等相关要求，分别不低于《建筑外门窗气密、水密、抗风压性能分级及检测方法》(GB/T 7106—2008)中规定的3级。
10. 油漆、防火及防腐：
 10.1 所有预埋木构件均刷木材防腐涂料二道。凡木料与墙、柱、梁接触部位均刷木材防腐涂料二道。
 10.2 木门油漆：采用满刮腻子，暗绿色树脂漆一底二面。钢门油漆：采用防锈漆打底，彩色调和漆二道刷面。颜色：外门同墙面，内门为暗绿色。彩色涂层钢门窗为浅灰色。
 10.3 所有金属制品除注明者外，均用防锈漆打底，刷银灰色醇酸调和油漆一底二度，不露面金属构件均需刷防锈漆二度。
11. 粉刷：
 11.1 所有檐口、女儿墙压顶、雨篷、窗台、窗顶等挑出墙面部分均需做滴水线或采用成品滴水线，并要求平直、整齐、光洁。
 11.2 所有檐口天沟、女儿墙、雨篷翻口等顶面粉刷均应向内侧做>1%的排水坡。
 11.3 所有砖墙与钢筋混凝土构件交接处粉刷时，应先钉0.8 mm厚、宽度不小于300 mm的钢板网，再进行粉刷。
 11.4 混凝土墙柱粉刷时，应先将混凝土表面打毛或刷混凝土界面结合剂，再进行粉刷。
 11.5 混凝土顶棚粉刷时，应将基层清理干净，上刷混凝土界面结合剂，再进行粉刷。
 11.6 砖墙粉刷时，应将基层先浇水湿润，以防粉刷层开裂脱落。
 11.7 凡门洞、钢筋混凝土柱、砖墙等阳角粉刷者，均做60 mm宽、2 000 mm高(距楼地面)的1:2水泥砂浆护角。
 11.8 粉刷灰浆中需加入适量聚丙烯纤维或抗裂添加剂，防止开裂。
 11.9 砖砌风道、烟道、竖井等其灰缝需饱满，随砌随原浆抹光。有检修门的管道井内壁做15 mm厚混合砂浆粉刷。
12. 室内外装修：
 12.1 室内装修详见室内装修一览表。
 12.2 室外装修详见外墙面装修表及立面图中所示。
 12.3 所有门窗、内外装修的式样须经甲方认可后方可施工，凡有色彩要求时，均应先做色彩样板，经业主、设计、施工三方共同确认后方可订货、施工。
 12.4 所有同一部位装修色彩应保持一致。
 12.5 室内外露管道均待安装调试后用轻钢龙骨石膏板伪装，其表面粉刷同周围墙面。
 12.6 选用的建筑材料和装修材料必须符合《民用建筑工程室内环境污染控制规范》(GB 50325—2010，2013年版)的规定。建筑类别为Ⅱ类。相关工程勘察及施工、验收均应执行该规范要求。
13. 室外工程：
 13.1 门口踏步及斜坡与道路衔接处，施工时应与道路路面同高。
 13.2 室外工程的坡道、散水做法参见西南11J812。
14. 必须按图施工，施工过程中未经设计单位有关人员许可，不得变更设计。如发现设计图中有问题，应及时与有关设计人员联系。
15. 凡本说明中与设计图纸中所注不一致时，一律以设计图中所注为准。
16. 本工程施工及验收应按照《建筑工程施工质量验收统一标准》(GB 50300—2013)的规定执行。
17. 由甲方另行委托的二次精装修设计、环艺设计、智能化设计等，不得任意改变各专业设计意图，并应取得设计认可后方能实施。

图纸目录

序号	目录	图纸名称	图号
1	建施-1	建筑设计施工说明	A1
2	建施-2	室内外装修表 图纸目录 施工选用图集目录	A1
3	建施-3	门窗详图 门窗表	A1
4	建施-4	一层平面图	A1
5	建施-5	屋顶平面图	A1
6	建施-6	①—⑲立面图 ⑲—①立面图 Ⓕ—Ⓐ立面图 Ⓐ—Ⓕ立面图 1—1剖面图	A1
7	建施-7	配电室一层平面图 屋顶平面图 ①—③立面图 1—1剖面图 电缆沟详图 废油存放间一层平面图 屋顶平面图 (A-B)—(A-A)立面图 2—2剖面图	A1
8	建施-8	辅房一一层平面图 屋顶平面图 (1/E)—(2/D)立面图 3—3剖面图 辅房二一层平面图 屋顶平面图 (1/B)—(2/A)立面图 4—4剖面图	A1
9	建施-9	浴室一层平面图 屋顶平面图 (1/C)—(2/B)立面图 5—5剖面图 工具、库房一层平面图 屋顶平面图 (2/C)—(1/D)立面图 6—6剖面图	A1
10	建施-10	空压机房一层平面图 屋顶平面图 (C1)—(C3)立面图 ⑱—(17-1)立面图 7—7剖面图 节点详图	A1

装饰做法表

编号	工程名称	部位	做法说明	备注
①	彩釉砖墙面	内墙面	参见西南11J515-N11	6 mm厚浅色墙面砖，400 mm×400 mm白色燃烧性能A级
②	铝合金条板吊顶	天棚	参见西南11J515-P10	吊顶高3.5 m
③	防滑彩色釉面砖地面(可选200×300×6浅色仿古釉面砖)	楼地面	参见西南11J312-3122Db1	有防水层
④	外墙涂料墙面	外墙面	参见西南11J516-5310	氟碳漆饰面，颜色见立面
⑤	平屋面构造	平屋面	25 mm厚1:2水泥砂浆保护层(掺聚丙烯纤维同找平层) 4 mm厚SBS改性沥青防水卷材(Ⅰ型) 20 mm厚1:3水泥砂浆找平层 最薄处50 mm厚1:6水泥焦渣(i=2%) 钢筋混凝土屋面板 参见西南11J201-2210	
⑥	散水		参见西南11J812-P4-①	散水宽600

门窗表

类别	设计编号	洞口尺寸(mm)		数量	备注
		宽度	高度		
塑钢推拉窗	C1215	1 200	1 500	4	60系列，5 mm厚玻璃，为厕所外窗时，则用5 mm厚磨砂玻璃
铝合金门	M0921	900	2 100	4	卫生间单向弹簧门
洞口	DK-1	1 560	2 100	2	

说明：1.门窗的设计、安装单位必须具有相应资质，本图中所示玻璃厚度仅为节能要求最小厚度，具体厚度以专业设计定；2.门窗的安装应配套提供五金配件，预埋件位置视产品而定，但每边不得少于两个；3.门窗的安装应满足其强度、热工、声学及安全性等技术要求；4.所有门窗均应由专业厂家对门窗洞口尺寸、数量进行现场复核后再设计制作安装；5.外门窗应有良好的气密性，每层不应低于现行国家标准《建筑外门窗气密、水密、抗风压性能分级及检测方法》(GB/T 7106—2008)规定的3级；6.本设计图中绘制的门窗图仅供厂家立面分格参考，门窗承包厂家应进行专业设计，并经设计单位认可后方可进行施工。

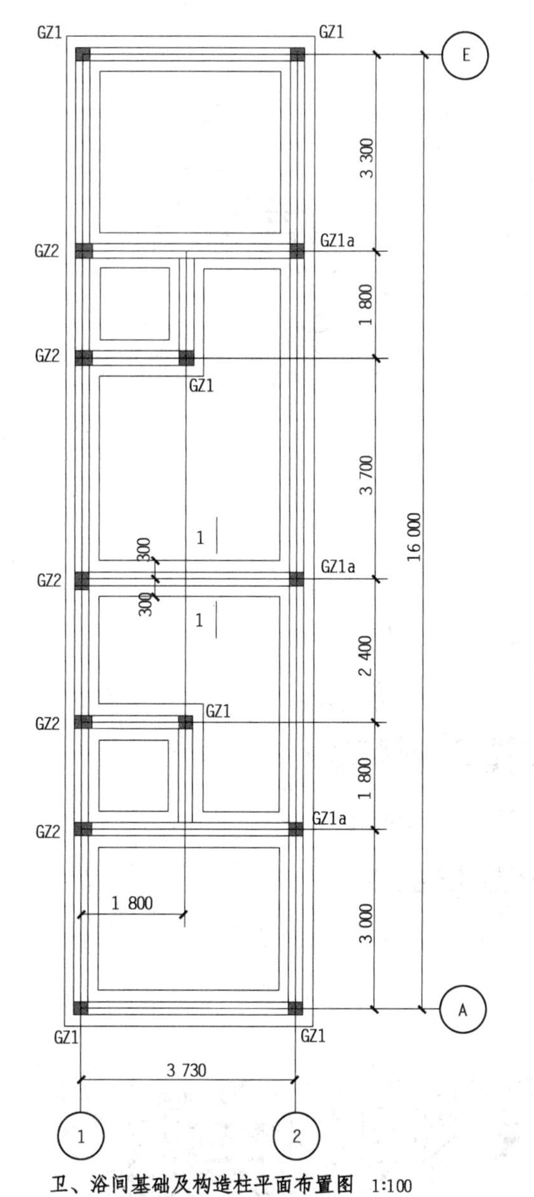

卫、浴间基础及构造柱平面布置图 1:100

注：所有条形基础均为1—1断面。

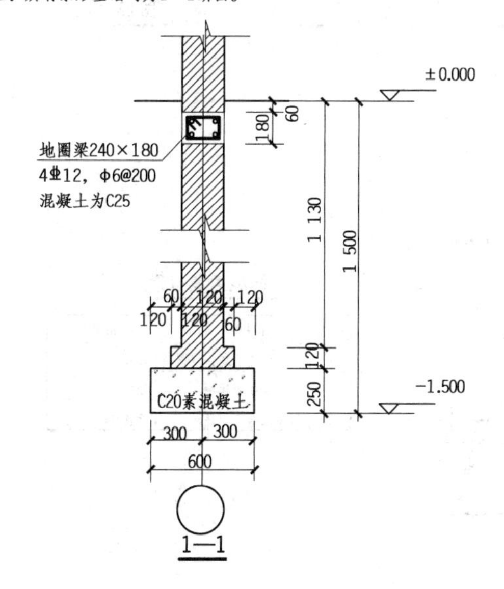

1—1

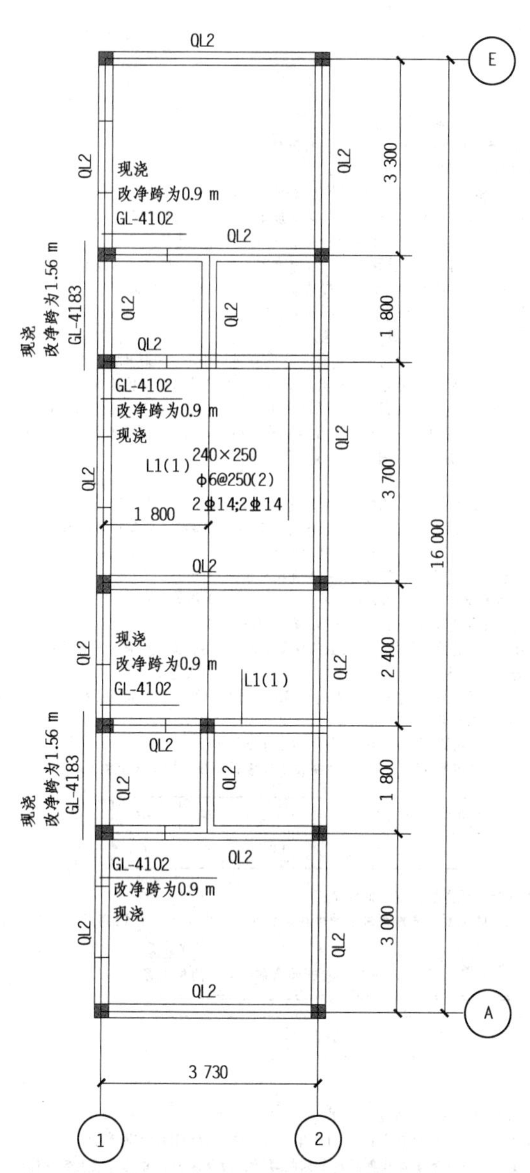

卫、浴间梁、圈梁、过梁平面布置图 1:100

注：L1(1)为简支梁，按16G101—1图集构造要求施工。

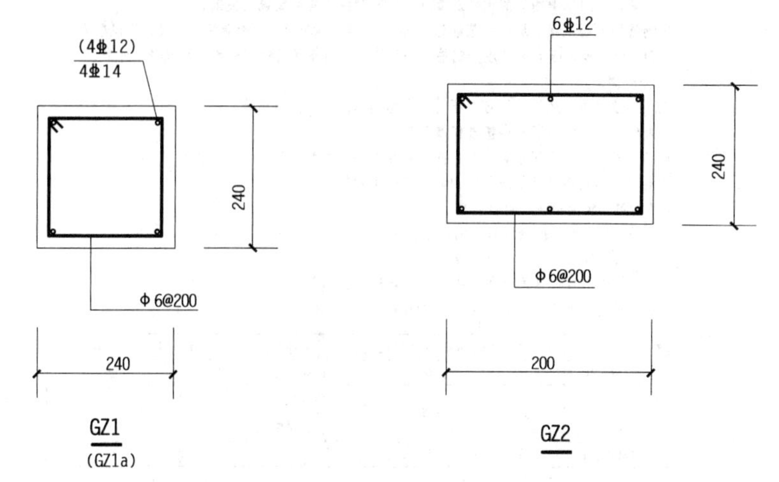

GZ1
(GZ1a)

GZ2

注：1.构造柱纵筋下锚入地圈梁、上锚入圈梁中均为40d。
2.构造柱混凝土强度等级为C25。

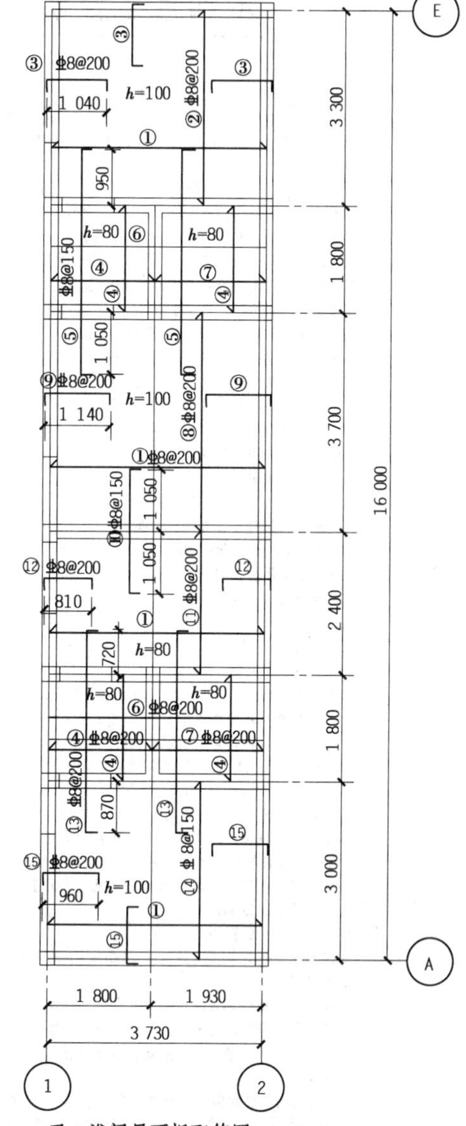

卫、浴间屋面板配筋图 1:100

注：1.屋面板混凝土强度等级为C25。
2.板顶标高为3.6 m。

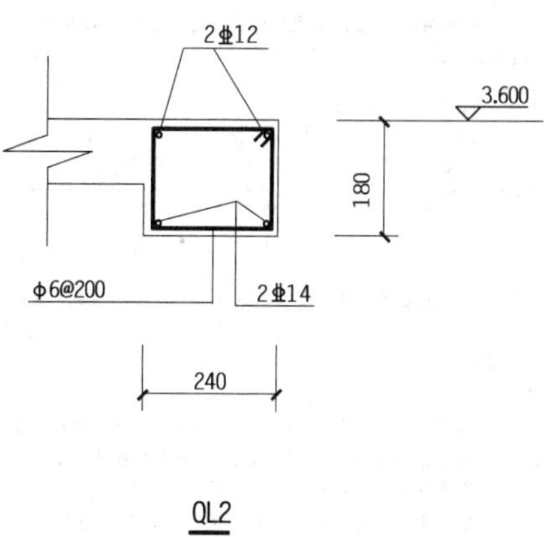

QL2

结构施工说明

一、工程概况：

1.本工程位于××市经济技术开发区，为一般生产厂房的配套浴室间。

2.该房屋为单层砖混结构，基础采用墙下素混凝土条形基础。其余为页岩砖墙搭配构造柱作为主要受力结构。屋面板采用混凝土现浇。

二、设计依据：

1.《建筑结构可靠度设计统一标准》GB 50068—2001；

2.《建筑结构制图标准》GB/T 50105—2010；

3.《建筑结构荷载规范》GB 50009—2012；

4.《建筑抗震设计规范》GB 50011—2010(2016年版)；

5.《建筑工程抗震设防分类标准》GB 50223—2008；

6.《混凝土结构设计规范》GB 50010—2010(2015年版)；

7.《砌体结构设计规范》GB 50003—2011；

8.《建筑地基基础设计规范》GB 50007—2011；

9.《建筑地基处理技术规范》JGJ 79—2012；

10.《非结构构件抗震设计规范》JGJ 339—2015。

三、建筑结构安全等级及设计使用年限：

1.建筑结构的安全等级：二级。

2.建筑结构的重要性：丙类。

3.建筑结构的设计使用年限：50年。

4.建筑结构抗震设防类别：丙类。

5.地基基础设计等级：丙类。

6.砌体施工质量控制等级：B级。

7.建筑结构的耐火等级：二级。

四、自然条件：

1.基本风压：0.3 kN/m²；基本雪压：0.1 kN/m²。

2.地面粗糙度类别：B类。

3.建筑场地类别：Ⅱ类；场地地震基本烈度：7度。

建筑结构抗震设防烈度为7度，设计基本地震加速度为0.10g，设计地震分组为第三组，设计地震特征周期值为0.45 s。

4.结构所处环境类别：±0.000以下为二(a)类，±0.000以上为一类。

五、其余辅房结构设计的±0.000标高相当于绝对标高482.80 m。

六、结构计算采用的程序：

本设计中的结构计算使用的是中国建筑科学研究院的PKPM系列软件(2010—V32版)。

1.砖砌体房屋结构整体计算使用砌体结构辅助设计、砌体和混凝土构件三维计算程序。

2.砖砌体房屋基础计算使用独立基础、条形基础、钢筋混凝土地基梁、桩基础和筏板基础设计JCCAD程序。

七、使用和施工荷载限制：

用房屋面使用和施工荷载标准值(kN/m²)不得大于设计取值：恒载为3.5，活载为0.5。

八、材料要求：

设计中选用的各种材料必须有出厂合格证，并有符合国家及主管部门颁发的产品标准。主体结构所用的材料均应经试验合格和质检部门抽检合格后方能使用，还应提供钢材、连接材料和涂装材料的质量合格证明书，并符合设计文件的要求和国家现行有关标准的规定。

1.结构所用钢筋的强度标准值应具有不小于96%的保证率。钢筋的抗拉强度实测值与屈服强度实测值的比值不应小于1.25；钢筋的屈服强度实测值与屈服强度标准值的比值不应大于1.3，且钢筋在最大拉力下的总伸长率实测值不应小于9%。

2.混凝土强度等级：柱下独立基础和墙下素混凝土基础为C25，独立基础垫层为C15；压顶梁、基础梁、现浇屋面板、构造柱和圈梁为C25。

图纸中未明确的其他素混凝土或钢筋混凝土构件的混凝土强度等级均采用C25。

3.结构混凝土耐久性的基本要求：

环境所处类别	最大水胶比	最低强度等级	最大氯离子含量	最大碱含量(kg/m)
一类	0.60	C20	0.3%	不限制
二(a)类	0.55	C25	0.2%	3.0

注：①氯离子含量是指其占胶凝材料总量的百分比；

②当使用非碱活性骨料时，对混凝土中碱含量可不作限制。

4.砖砌墙体：地圈梁或防潮层以下采用M7.5水泥砂浆砌MU15普通实心页岩砖；地圈梁或防潮层以上采用M5混合砂浆砌MU10普通实心页岩砖。零星砌体采用M5水泥砂浆砌MU10普通实心页岩砖。

九、地基基础：

1.未扰动的原状土地基采用承载力特征值f_{ak}=160 kPa的粉质黏土层作为基础持力层。基础施工前应进行钎探、验槽，如发现土质与地质报告不符合或存在局部软弱下卧层时，施工单位须会同勘察、监理、设计等单位协商处理。若设计标高未达到地基持力层，应继续开挖，超挖部分从基底按45°角往下用C15毛石混凝土浇筑。

2.已扰动的原状土采用CFG桩进行处理，处理地基应满足《建筑地基处理技术规范》(JGJ 79—2012)的要求，地基承载力特征值f_{spk}≥160 kPa，E_{sp}≥15 MPa。振冲碎石桩处理后的复合地基须经检测合格后方可进行下道工序。需采用振冲碎石桩进行处理的地基范围：

a.E轴和F轴上全部厂房柱基础处。

b.A轴、B轴、C轴交12轴至19轴厂房柱基础处。

c.D轴交12轴至17轴厂房柱基础处。

d.2/D至1/E轴间辅房一基础处。C轴至1/D轴空压机房和工具室、库房基础处。

3.本工程要求在施工及使用过程中按国家规范要求进行沉降观测。

4.基础开挖后必须经有关技术人员检查确认后方可进行施工。

5.应结合建筑公用有关专业图纸并按国家有关构造和施工规定进行施工。

6.开挖后若地基承载力发生变化，应通知设计人员进行设计修改。

7.独立柱基础底板筋必须通长，不得切断。

8.单个柱下单独基础应一次浇筑完毕。

9.机械开挖时应按有关规范要求进行，坑底应保留不小于200 mm的土层；用人工开挖基坑，开挖时不应扰动持力层土层的原状结构，如经扰动，应挖除扰动部分。

10.回填土须分层夯实，每层厚度不大于250 mm，回填土的压实系数不小于0.94。

11.基础施工宜采用快速作业法，避免基坑露晒缩裂或雨水软化而降低地基承载力。

12.应作好施工前后的地表排水及地表封闭工作。

十、砖砌墙体及混凝土构件构造要求：

1.应先砌墙后浇构造柱。构造柱立面示意图详见西南15G601第25页。

2.构造柱与墙体的拉结做法详见本张图的"卫浴间构造柱与墙体拉结详图"。

拉结筋遇门窗洞口时，在洞口边60 mm处截断。

3.地圈梁转角构造详见西南15G601第18页相关节点。

4.圈梁转角构造详见西南15G601第36~38页及57~60页相关节点。

5.屋面女儿墙构造做法详见西南15G601第106页节点①。

6.构造柱与圈梁连接处，构造柱的纵筋应在圈梁纵筋内侧穿过，保证构造柱纵筋上下贯通。

7.钢筋的锚固和搭接：

(1)对C25混凝土钢筋的锚固长度：HPB300级钢取l_a=34d；HRB400级钢取l_a=40d(d为≤25 mm的普通钢筋直径)。

(注：在任何情况下，锚固长度均不得小于250 mm。)

(2)钢筋的搭接长度取$l=\zeta l_a$(ζ为搭接长度修正系数，按下表取值)。

纵向钢筋搭接接头面积百分率/%	≤25%	50%	100%
ζ	1.2	1.4	1.6

十一、钢筋混凝土现浇板板钢筋的构造：

为控制温度应力，室外辅房屋面板在无负筋范围内纵横增设⌀6钢筋网，如下图：

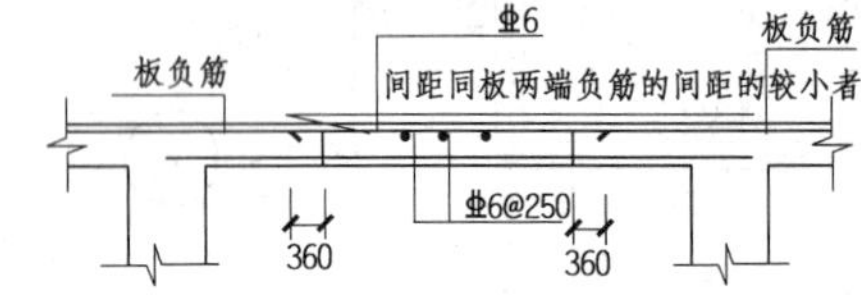

十二、砖砌墙体及混凝土构件施工制作：

1.本套图过梁选自西南15G301—1图集。雨篷选自西南15G303图集。

2.门窗过梁与其他现浇构件或过梁间相碰时，过梁现浇，并改过梁上部钢筋同下部钢筋。

十三、其他：

1.本套结构施工图标高以m为单位，其余尺寸以mm为单位。

2.本设计选用标准图集的构件及节点，应同时按相应图集说明施工。

3.钢筋的混凝土保护层厚：基础为40 mm，基础梁为25 mm，构造柱、圈梁、压顶梁为20 mm，板为15 mm。(注：钢筋保护层厚度是指最外层钢筋外表面至混凝土外表面的距离。)

4.未经技术鉴定或设计许可，不得改变结构的用途和使用环境。

5.未经设计单位同意不得擅自代换材料。

6.结构施工时，应配合其他专业图纸将预埋件和预留孔洞进行预埋和预留，不得遗漏。

7.混凝土结构在设计使用年限内尚应遵守下列规定：

(1)建立定期检测、维修制度；

(2)设计中可更换的混凝土构件应按规定更换；

(3)构件表面的防护层应按规定围护或更换；

(4)结构出现可见的耐久性缺陷时，应及时进行处理。

8.建筑非结构构件的类别系数和功能级别：

构件、部件名称	类别系数	功能级别(丙类建筑)	构件、部件名称	类别系数	功能级别(丙类建筑)
砖砌围护墙	1.0	二级	砖砌女儿墙	1.2	三级
砖砌隔墙	0.6	三级	钢筋混凝土天沟、雨篷	1.0	二级
吊顶及连接件	0.6	三级			

9.总说明或设计图纸中未尽事宜应遵守本工程施工期间国家所执行的施工及验收规范。

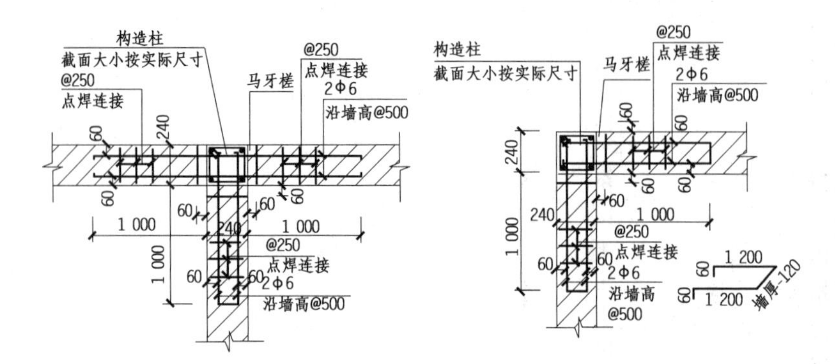

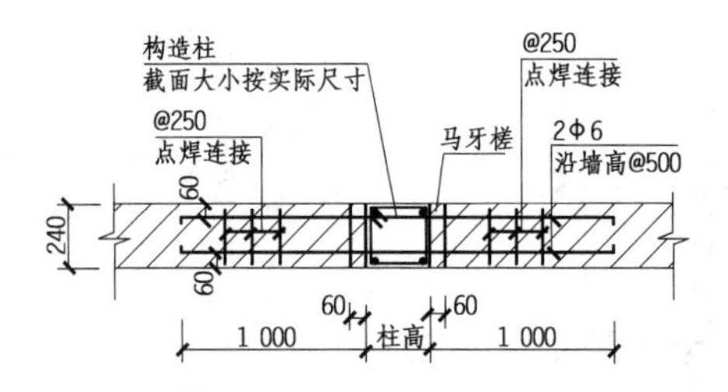

卫浴间构造柱与墙体拉结详图

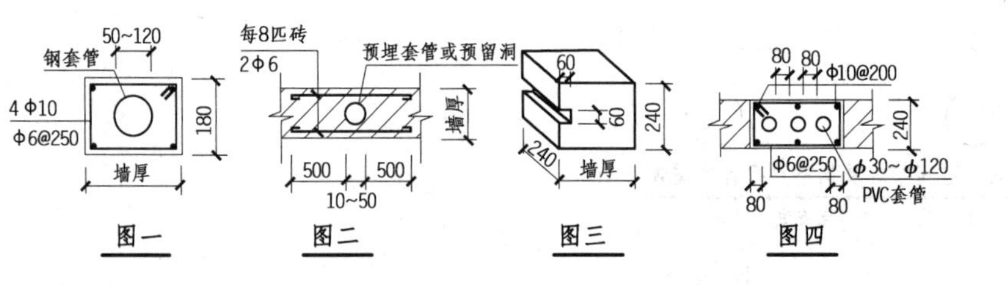

图一 图二 图三 图四

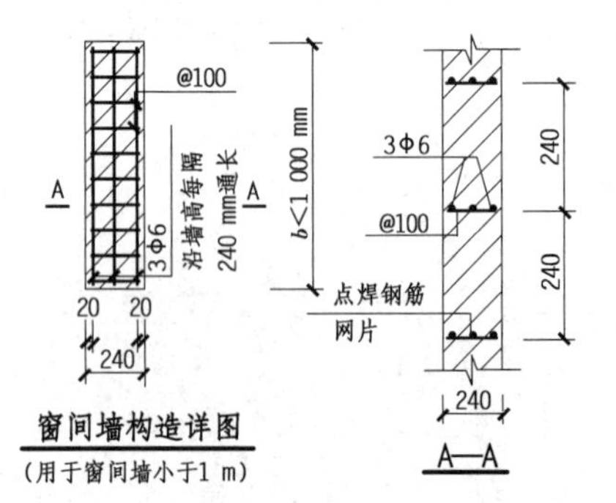

窗间墙构造详图

(用于窗间墙小于1 m)

A—A

标准图集目录

序号	标准图名称	图集号
1	多层砖房抗震构造图集	西南15G601
2	钢筋混凝土过梁	西南15G301—1
3	钢筋混凝土雨篷	西南15G303

参考文献

[1] 中华人民共和国住房和城乡建设部.建设工程工程量清单计价规范:GB 50500—2013[S].北京:中国计划出版社,2013.

[2] 中华人民共和国住房和城乡建设部.房屋建筑与装饰工程工程量计算规范:GB 50854—2013[S].北京:中国计划出版社,2013.

[3] 中国建设工程管理协会.建设工程造价管理基础知识[M].北京:中国计划出版社,2014.